科學的40堂公開課

從仰望星空到觀察細胞及DNA，從原子結構到宇宙生成，
人類對宇宙及生命最深刻的提問

A LITTLE HISTORY OF SCIENCE

WILLIAM BYNUM

威廉・拜能——著 高環宇——譯

目錄

01 追根溯源……007
02 指南針和數字……013
03 原子和虛空……022
04 醫學之父：希波克拉底……028
05 無所不知的亞里斯多德……035
06 御醫蓋倫……043
07 伊斯蘭與科學……050
08 走出「黑暗時代」……055
09 尋找魔法石……061
10 人體揭祕……068

11 宇宙的中心在哪裡？……074
12 斜塔和望遠鏡：伽利略……081
13 循環、循環：哈維……088
14 知識就是力量：培根和笛卡兒……094
15 化學的新時代……102
16 這是怎麼了：牛頓……109
17 耀眼的電火花……117
18 像鐘錶一樣運轉的宇宙……124
19 為世界排序……133
20 氣和氣體……140
21 物質碎片：原子理論……148
22 力、場和磁……156

23 挖掘恐龍……163
24 我們星球的歷史……171
25 地球上最偉大的表演……178
26 一堆裝有生命的小盒子……188
27 咳嗽、打噴嚏和疾病……196
28 發動機和能量……206
29 為元素製表……214
30 走進原子……222
31 放射性物質……229
32 打破遊戲規則的人：愛因斯坦……238
33 移動的陸地……246
34 遺傳帶給我們什麼？……253

35 我們來自何處？…… 262
36 神奇的藥物…… 271
37 生命的構建單元…… 280
38 閱讀「生命之書」：人類基因組計畫…… 288
39 宇宙大爆炸…… 295
40 數位時代的科學…… 305

· 1 ·

追根溯源

科學是神奇的。它是人類發現世界、探知萬物的最好途徑，當然也包括瞭解我們自己。

幾千年來，人們一直對身邊的世界刨根問底，世界總是擺出一副萬象更新的樣子。科學也同樣日新月異。生機勃勃的科學既有世代積累的發現和理論，也有嶄新的突破和鉅變。唯一不變的是人類對科學的好奇、嚮往和鑽研。三千多年前的人類也和我們一樣面對世界冥思苦想，他們充滿智慧，但不像我們現在這樣見多識廣。

提起科學，大多數人想到的就是實驗室裡的顯微鏡和試管，然而這本書可不是簡單地用這些東西來說說。長久以來，人類一直試圖利用科學結合魔法、宗教和技術去解釋和控制世界。科學可以像觀察清晨的日出一樣簡單，也可以像鑑定新的化學元素一樣複雜。魔法可能是透過遙望星空預知未來，也可能是我們說的迷信，比如黑貓擋路，敬而遠之。宗教可能引導你為諸神祭奠，或者為世界和平祈禱。技術則可能是生火或組裝電腦的本事。

定居在印度、中國和中東的河谷的先民是最早應用科學、魔法、宗教和技術的人類社會。那些河谷富饒的土壤年年五穀豐登，人丁興旺。這些社會裡的人有充裕的時間執著於夢想，實踐想法，最終成為某個方面的行家。由此看來，祭司或許就是第一批「科學家」（當然，那時並沒有這個頭銜）。

追根溯源，技術（其實就是「動手做」）比科學（實際就是「知識」）更有意義。在有糧能食、有衣能穿、有飯能烹之前，你必須知道做什麼、怎麼做，而不必瞭解**為什麼**有的漿果帶毒，有些植物可吃，也不用知道如何選擇取捨。你也沒必要為太陽每天晨升夕落這種司空見慣的事做出解釋。幸好人類不僅僅認識了世界，還對世界充滿好奇，這正是科學的核心。

・精通天文學的古巴比倫文明

相較其他的古代文明，我們更熟悉古巴比倫人（他們生活在現在的伊拉克地區），很簡單的一個原因就是他們留下了泥板文獻。數以萬計帶著六千多年歷史的泥板，為我們描繪了古巴比倫人的世界觀。這些存活的歷史條理清晰地記錄了他們的收穫、庫存和財政。古代祭司傾注了大量時間在記錄事實和數據上面。他們同時身兼「科學家」的重任，負責測繪土地、丈量距離、觀測天象、完善計數技能。他們的一些發現沿用至今。他們和我們一樣使用計數符號：前四個數都用垂直的直線表示，每到第五個數，就用一條劃過對角的斜線把前四個串起來。你可能在動畫片裡看見過，囚犯在監獄裡用這種方式計算他們被關押了多少年。更具深遠意義的是，古巴比倫人規定六十秒為一分鐘，六十分鐘是一小時，三百六十度是一個圓周，七天算做一週。為什麼六十秒算一分鐘，七天稱為一週？這實在沒什麼好解釋的。其他的數字也一樣，都是恰到好處。古巴比倫人的體系無處不在。

古巴比倫人精通天文學，善於研究天體。他們歷經數年，逐步辨認出夜空中的星圖和星象。他們確信，地球居於萬物中心，有一股強大的魔法將人類和星座相互連接。人類在堅信地球是宇宙中心的時候，並沒有把地球當作一顆行星。他們把星空分成十二份，並且分別給固定的星群命名（或者稱作「星座」）。古巴比倫人透過一種連連看的天文遊戲，在很多星座裡看到了物體或動物的圖像，比如一個天平和一隻蠍子。這就是最早的黃道帶，它作為占星術的基礎，專門研究星象對人類的影響。在古代巴比倫，占星術和天文學如影隨形，之後的幾百年也是。現在有很多人知道自己的星座（比如我就是金牛座裡的一頭牛），而且還在報紙或雜誌上的星座運勢尋求對生活的建議。不過，占星術已經不屬於現代科學了。

古代中東地區有很多興盛的人類社會，古巴比倫只是其一。我們最為熟知的是西元前三五〇〇年定居在尼羅河的古埃及人。他們依賴單一的自然特徵創造出的文明可謂空前絕後。古埃及人的生活與尼羅河息息相關。每年汛期，肥沃的淤泥滋養他們河岸邊的土地，孕育來年的豐收。埃及炎熱乾燥，大批珍貴的遺物百世流傳，那些豐富的圖畫和繪圖文字——象形文字，讓今人讚歎，獲益匪淺。古埃及文明之後依次是希臘文明和羅馬文化，象形文字的讀寫能力就此失傳，絕跡了大約兩千年。一七九八年，埃及北部靠近羅塞塔（Rosetta）的一個小鎮裡，一名法國士兵在一堆瓦礫裡發現了一塊圓形石板。上面的文獻以三種文字呈現：象形文字、希臘文和古埃及另一種書寫文字世俗體。這塊羅塞塔石碑後來被運到倫敦，今天人們可以在大英博物館一睹它的風采。學者們透過已知的希臘文譯出了象形文字，由此揭開了古埃及文字之謎。由此，我們終於邁出了破解古埃及人信仰和實踐的第一步。這是多麼偉大的突破啊！

・計數、天文學和醫學最為活躍

古埃及的天文學和古巴比倫的類似，但是古埃及人對死後的關注使他們更側重於占星術。曆法是不可或缺的，它承載著提示人們最佳耕種時間、尼羅河氾濫時間，以及宗教慶典的功能。古埃及的一個「自然年」有三百六十天，每週十天，一個月三週，一年十二個月，每年最後再加五天以保證季節的更替。古埃及人認為宇宙是一個長方形盒子，他們處於盒子的底部，尼羅河恰好穿過世界的中心。每年尼羅河氾濫的時候就是他們一年的開始，他們也自然而然地把它和夜空中最亮的星星聯繫在一起，我們現在稱之為「天狼星」（Sirius）。

就像在古巴比倫一樣，古埃及的統治者法老也極其看重祭司。法老被敬為神，即使死後也有權享受人生。這也是他們建造金字塔的原因之一，一個無與倫比的巨型墳墓。法老、他們的親屬和其他重要人物，連同主要的僕人、貓狗、家具和食物等，一應俱全地安置在這些龐大的建築內，在另一個世界等待新生。古埃及人為了保存重要人物的身體，不讓他們在重生時變得又臭又爛，研究出了屍體防腐的方法。首先，取出所有的內臟（他們用一個長長的鉤子經由鼻孔把大腦掏出來），並存放在特製的罐子裡，然後利用化學方法把屍體的其他部分保存起來，最後裹上麻布，放入安息之地。

防腐師一定對心肝肺腎瞭如指掌。但是很遺憾，他們沒有對那些摘除的器官做出詳細的描述，因而我們無法知道他們對器官的認知程度。幸好倖存的醫學莎草紙文獻記載了古埃及的醫學和外科手術。當時，古埃及人普遍認為神、魔法和自然都是導致疾病的原因。雖然，治療師在給病人治療方案的同時也會施用一些魔法，但是，古埃及人發明的很多治療手段還是基於認真的疾病觀察。在受傷或手術後，古埃及人用來敷傷口的藥的確很好地發揮預防感染和促進癒合的作用。這可比我們認識那些細菌早了幾千年。

在這段歷史時期，計數、天文學和醫學是最活躍的三個「科學」領域。首先是計數，比如在種糧食和與別人交換之前，必須知道「要多少」；或者，你要清楚手邊是不是有足夠的士兵和修建金字塔的工人。接著是天文學，太陽、月亮和星星與四季密切相關，準確記錄它們的位置是制訂曆法的前提。最後是醫學，人在生病或受傷的時候必然要尋求幫助。但是古代中東地區的文明把魔法、宗教、技術和科學混為一談，使得我們必須不斷地推測他們那麼做的理由；又因為只有能讀會寫、有權有勢的人才被載入史料，因此我們很難獲得普通人日常生活的寫照。同樣的道理也體現在另外兩個同期古文明裡，它們分別是亞洲的中國和印度。

· 2 ·

指南針和數字

從古巴比倫和埃及繼續東行，面對喜馬拉雅山脈，無論你選擇山的哪一邊，都將踏上古代文明曾經輝煌燦爛的沃土──印度或者中國。大約五千年前，印度河流域和黃河流域遍布著人口密集的村莊和城鎮。那時的印度和中國比現在更加幅員遼闊。它們跨國越海地連接著世界貿易網，開闢香料之路，並推動書寫和科學邁上新的高度。科學促進貿易，貿易的財富助長研究，兩者相得益彰。事實上，直到西元一五〇〇年左右，印度和中國的科學水平至少是與歐洲並駕齊驅的。古印度留給我們的是數字和對數學的熱忱，而中國則貢獻了紙張、火藥和航海必備的小裝置：羅盤。

今天，中國是推動世界發展的生力軍。中國製造的衣服、玩具和電子器材銷往全球，看看你的運動鞋標籤就知道了。幾個世紀以來，西方人對這個幅員遼闊的國家充滿好奇和懷疑。中國人有他們自己的做事方式，他們的國度看似神祕莫測，卻又循規蹈矩。

如今我們知道，中國一直是一個活力四射的國家，中國的科學也一直在突飛猛進。唯獨在中國有一件事幾百年來從未改變，那就是書寫。漢字是象形文字，像一幅描繪物件的小圖，對於使用字母的西方人來說，它的感覺怪怪的。但是如果你知道怎麼詮釋這些小圖，那麼你就可以像讀現代書籍一樣，輕鬆地理解悠久的中國文獻。事實上，我們必須感謝中國發明了紙張，為書寫提供了便捷條件。人類所知最古老的紙張大概可以追溯到西元一五〇年。

治理中國從來就不是一件容易的事，其中科學功不可沒。中國自西元前五世紀東周時期開始建造的長城，或許算得上歷史上最偉大的工程。長城雖是為阻擋北面的蠻族入侵而修，但同時也困住了中國人自己。歷經多個世紀的擴建、翻修，長城現在綿延八千八百五十公里。（很多年來，人們一直認為可以從太空中看見長城，然而事與願違：中國自己的太空人都沒能發現。）另外一個舉世矚目的工程是西元七世紀隋朝開始興修的大運河。當時北部的北京是個遼闊的內陸城市，南部的杭州是通向世界的口岸，中國人利用自然的水路資源，在兩地間挖通了千里運河。這些里程碑般的工程是中國勘探人員的才智和工程師技能的卓越見證，也是大量勞工艱辛工作的結晶。中國人發明了獨輪推車，儘管如此，工人也少不了挖、推和搭建的辛苦。

・古代中國的宇宙觀與科學

中國人把宇宙看成生命體，一個依靠各種內部「動力」連接的整體。他們把原始的動力或者說是能量稱為「氣」。另外兩種基礎動力分別是「陰」和「陽」。「陰」，屬於雌性，代表昏暗、陰沉和潮溼；「陽」，屬於雄性，象徵著明媚、光熱和溫暖。沒有任何一樣東西是純陰或純陽，這兩種能量總是如影相隨，此起彼伏。依據中國的哲學，每個人都兼有陰陽，不同的搭配比例注定了每個人的特徵和行為。

中國人相信宇宙由五種元素組成：金、木、水、火和土。不要把這些元素簡單地理解成我們身邊普通的水或火，而要把它們看成組成世界和太空的基本物質。它們個性迥異卻環環相扣，就像變形玩具一樣。比如，木剋土（木鏟可以挖土）、金剋木、火剋金、水剋火、土剋水。（再想想剪刀石頭布的遊戲，也是中國人的發明。）這些元素結合陰陽產生出晝夜更替、四季變化、生死輪迴、斗轉星移的自然規律。

正因為中國人認為世間萬物都由這些元素和能量構成，彼此相通，生生不息，所以他們沒有提出「原子」是物質的基本單元這一概念；而且在中國，也沒有自然哲學家認為一定要用數字描述才符合「科學」的標準。不過，他們用到算術的地方很多：做買賣、記帳，或者秤重等。十六世紀後期的史料記載，他們把小珠子穿在特製的框架中做成了算盤，不過發明算盤的時間也許更早一些。你或許也學過珠算吧，它大大提高了加減乘除的運算速度。

中國人也用數字計算時間。早在西元前一四〇〇年，他們就知道一年有三六五·二五天，和早期的大多數文明一樣，他們以月亮為依據劃分月分。古人把太陽轉一圈回到起點的時間算做一年，中國人也不例外。木星一類的行星和其他恆星的運動週期都吻合他們信奉的萬物周而復始的理論。他們利用「太極上元」，經過繁複的推算得出一次完整的宇宙大循環所用的時間是二千三百六十三萬九千零四十年。這說明宇宙太高壽了（當然，現在我們知道它比這個還要老）。中國人同樣也思考了宇宙的結構。有些早期的中國星圖證明了他們懂得如何在平面圖上表現彎曲的空間。東漢時期提出的「宣夜說」認為，太陽、月亮和星星受風力的作用懸浮在空曠的太空，這和古希臘認為天體固定在固體天球上的觀點背道而馳，卻很接近現代對天體的認識。中國古代觀星者詳細記錄了異常天象，由於這些紀錄可以追溯到很早以前，讓現代天文學者受益良多。

中國人相信地球是古老的，所以自然而然地認為化石是動植物死後硬化的部分。他們把石頭按照硬度和顏色分類。玉石尤其珍貴，工匠把一塊一塊的玉細琢成器。地震在中國時有發生，但是在西元二世紀的時候，沒有人知道其發生的原因。博學的張衡利用「懸垂擺原理」發明了地動儀，地震時懸掛的柱體會晃動以記錄地球的震顫。這是今天我們所稱的地震儀的雛形，這種儀器平時畫一條直線，當它出現偏移擺動就是地震了。

中國人懂得磁性的實用價值。他們知道藉由高溫加熱和低溫冷卻可以使一塊磁鐵指向南、北的方向。中國人使用羅盤很久之後，西方才獲知此物。羅盤既是航海工具又可以用來算命、堪輿。其實它就是一根漂在水碗裡的磁針，所以通常都是「溼答答的」。西方人習慣說羅盤的指針指北，但是中國人說它指南。（當然了，指北針也指向南邊，不過就是針的另一頭。只要大家意見統一，選擇哪一頭都無所謂。）

中國人是高超的化學家。很多頂級化學家都是追隨老子的道士，老子生活在西元前六至四世紀的某個時期。另外一些人則信奉孔子或佛陀。這些領袖用他們的哲學思想帶動了信徒們對宇宙的研究，影響了大眾看待周遭環境的方式。

在那個時代，中國人對化學的應用可謂高明。比如，他們能夠蒸餾酒精和其他物質，能夠從溶液中煉銅。他們混合炭、硫黃和硝酸鉀製成了火藥，實現了化學史上的第一次爆炸，推動了煙火和武器的研製。你可以說火藥是化學界陰陽結合的典範：它可以是宮廷裡美麗綻放的煙火，也可以是十世紀東方戰場上的槍炮齊鳴。雖然歐洲人在一二八〇年代左右便對火藥進行了描述，但並沒有完全掌握它的配方。它的出現逐漸點燃了各地的戰火，使戰爭變得更加殘酷。

中國也有鍊金術士，他們追求可以延長生命甚至永生的東西，渴望「長生不老」，但以失敗告終。（我將在第九章詳談這個問題。）事實上，如果那些服用丹藥的皇帝沒有企圖「以毒攻毒」，也許他們可以活得更長些。不過，在尋找仙丹的過程中的確發現了很多治療普通疾病的藥物。和歐洲的醫生一樣，中國的醫生也用植物提取物治病，同時也會用硫黃、汞等物質配藥。中國人常用蒿屬植物作為退燒藥，他們還把提煉過的植物點燃，薰在皮膚的特定位置上，促進「生命養料」流動。這個處方和療法寫在一本一千八百多年前的醫書裡，最近才被發現。現代實驗證明它可以有效治療瘧疾——一種以高燒為特徵、死亡率極高的熱帶疾病。

早在西元前二世紀，中國人就開始撰寫醫書。如今，歷久彌新的中國醫學遍布世界。針灸療法——把很多根針分別刺進皮膚的某些位置——普遍適用於輔助康復、對抗壓力和減輕疼痛的治療。它的理論依據是：身體裡有很多條「氣」流通的經絡，利用針刺達到刺激或者疏通這些經絡的目的。有時候，為了鎮痛，也會把針扎進患者的身體裡。就在當代中國的醫生向西方同行看齊的時候，在世界各地，仍然有很多人在學習和發揚中國的傳統醫學。

・古印度的醫學、天文學與數學

古老的印度醫學阿育吠陀[1]有異曲同工之妙。我們從西元前二〇〇年至西元六〇〇年間的梵文古籍中發現了這個名字。阿育吠陀認為人體內有三種被稱為「能量」（doshas）的體液：「Vata」——乾、冷、輕；「Pitta」——熱、酸、刺激性；「Kapha」——冷、重、甜。[2]這些能量是人體正常運轉的保證，過多或過少、比例失調或流向錯誤位置，都可能導致疾病。觀察病人的皮膚和診脈是印度醫生診斷病情的重要依據，然後再透過藥物、按摩和特殊的飲食恢復體內的平衡。印度醫生用罌粟汁製出麻醉劑來緩解病痛、安撫患者。

另外一本古印度外科醫學著作是《妙文集》（*Susruta*），裡面詳盡描述了早期的手術。例如，外科醫生會小心地用針撥開白內障（眼睛水晶體混濁，導致視線不清）患者眼球上的遮蔽物質；還會移植病人本人的皮膚去修補受損的鼻子，這或許就是最早的整形手術吧。

印度阿育吠陀醫學和印度教的信仰有關。一五九〇年左右，在印度落腳的穆斯林以早期伊斯蘭教醫生對古希臘醫學的理解為基礎，建立了自己的醫藥理論「Yunani」（「希臘」的意思），和阿

1 阿育吠陀（Ayurveda）一詞意為生命的科學。阿育吠陀醫學不僅是一門醫學體系，而且代表著一種健康的生活方式。——編注

2 梵文中，Vata 意指風為主；Pitta 以火為主；Kapha 以水和土為主。——譯注

育吠陀醫學並駕齊驅。現在，這兩種醫學和我們熟悉的西醫一起在印度治病救人。

印度有自己的科學傳統。印度天文學家透過希臘同行托勒密（Ptolemy）的繪圖和印度佛教僧侶從中國帶回去的科學文獻瞭解日月星空。在烏賈因（Ujjain）有一個觀測站，我們知道的最早的印度科學家之一伐羅訶密希羅（Varahamihira，約生於西元五〇五年）曾在那裡工作。他整理了舊的天文資料並補充了自己的觀測成果。過了很久，直到十六世紀，德里（Delhi）和齋浦爾（Jaipur）才建造了天文臺。印度人的曆法非常精準，和中國人一樣，他們相信地球是古老的，並且曾經提出天文週期的時間，其中一個是四百三十二萬年。印度人也曾經千辛萬苦地尋找可令人長生不老的靈丹妙藥，並查找鍊金術的祕方。然而，印度科學對世界最大的貢獻在數學領域。

正是由於從印度起源、經過中東，我們才有了「阿拉伯」數字：最熟悉的1、2、3等。關於「零」的概念也來自印度。除了我們一直沿用的數字以外，印度數學家還提出了「數位」的理論。讓我們用「一七〇」說明一下吧。「一」就是一百，表示百位；「七」就是七十，在十位；「〇」是個位。這對於我們來說已經習以為常，從來也不用分析，但如果沒有數位的理論，要想寫個大數目可就麻煩了。最著名的古印度數學家是七世紀的婆羅摩笈多（Brahmagupta），他推算出測量稜柱體和其他圖形體積的公式；他也是把「0」當作數字的第一人，並且證明任何數乘以零都得零。又過了大約五百年，另一名印度數學家婆什迦羅（Bhaskara，生於一一一五年）指出，任何數「除以零」都是無窮大。如果沒有這些理論基礎，現代數學對世界的解釋就無從談起。

在中國和印度，傳統醫學和西方醫學一直分庭抗禮，然而在科學領域，卻是另一幅情景。印度科學家和中國科學家都在以同樣的理念、工具和宗旨工作，和他們在西方世界的同行沒什麼兩樣。現在無論在亞洲還是其他地方，發源自西方的科學已經被普遍採納。

但是，請一定記住數字來自印度，紙張出自中國。包括你每天都會用到的「九九乘法表」，這些都是古老的東方送給人類的寶藏。

· 3 ·

原子和虛空

大約在西元前四五四年，希臘歷史學家希羅多德（Herodotus，約西元前四八五－四二五）遊歷到埃及。在尼羅河上游的底比斯，他和我們一樣震撼於金字塔和巨大的雕塑——這些雕塑足足有十八公尺高。希羅多德實在不敢相信它們跨越了那麼長的歷史，因為很久以前波斯的入侵結束了埃及的輝煌。希羅多德的祖國希臘和埃及比起來年輕而且充滿活力，正是這個方興日盛的國家，一百年後在亞歷山大大帝（Alexander the Great，西元前三五六－三二三）的帶領下征服了埃及。

在希羅多德時代，地中海東部地區的思想和作品主要受希臘影響。他們有盲詩人荷馬（Homer）的著作，講述希臘人藏身在大木馬裡打敗特洛伊人的故事；還描寫了希臘士兵奧德修斯成功策劃了特洛伊戰爭之後驚險的返鄉之旅。希臘人是了不起的造船師、商人和思想家。

第一批思想家中有一個人叫泰勒斯（Thales，約西元前六二五－五四五），他是商人、天文學家和數學家，出生於現今土耳其的海岸城市米利都（Miletus）。我們沒有他的手稿，只能透過後人引用的奇聞趣事對他進行想像。有一個傳說是這樣的：他只顧仰頭觀測星空，完全沒有留意腳下，竟然跌進井裡。還有一個故事是這樣的：泰勒斯聰明絕頂，總能勝人一籌。他預料到橄欖即將豐收，於是早早地預訂了所有閒置的橄欖壓榨工具，並在收穫的季節以高價轉租。泰勒斯並不是最心不在焉的專家，也不是唯一一個靠應用科學知識賺錢的人，稍後，我們還會見到更多這樣的人。

據說，泰勒斯遊歷埃及後將埃及人的數學帶回希臘。有關他的傳說很多，比如，有一個故事說他曾經準確地預報了日全食。（實際上他的天文知識並沒有達到可以預知的程度。）不過，他的確盡心盡力地解釋了很多自然現象，比如尼羅河的洪水肥沃了土壤；地殼內部水溫過高導致地震。在泰勒斯看來，水是最重要的元素，他把地球畫成一個漂浮在茫茫海洋上的圓盤。我們覺得很好笑，但這正說明了泰勒斯在努力地用理性解釋世界，而不是用超自然的觀點——埃及人認為尼羅河氾濫是神的旨意。

・用理性解釋世界

阿那克西曼德（Anaximander，約西元前六一一－五四七）同樣來自米利都，但和泰勒斯不同，他堅信宇宙中最重要的物質是火。出生在西西里的恩培多克勒（Empedocles，約西元前五〇〇－四三〇）則認為宇宙應該存在四元素：氣、土、火、水。西方人更熟悉這種說法，因為一直到中世紀末期，差不多兩千年的時間裡，思想家們都把它視為一個不爭的事實。

不爭並不代表所有人都接受四元素體系。在希臘，後來在羅馬，有一群被稱作原子論者的哲學家，他們認為世界其實是由稱為原子的微小粒子組成的。其中最著名的是生活在西元前四二〇年左右的德謨克利特（Democritus，約西元前四六〇－三七〇）。我們從其他作者的引述中零星拼湊出他的理論：宇宙中有無數多的原子，而且自古有之。原子不能被進一步分解，也不會被破壞。雖然它們小得不能被看見，但德謨克利特確信它們形狀各異，大小不一，這就是為什麼萬物皆由原子構成卻有不同的味道、結構和顏色的原因。不過只有經過人類的品嚐、感覺和關注，這些稍大一點的東西才算得上存在。事實上，德謨克利特主張一切都是「原子和虛空」，我們現在稱之為物質和空間。

原子論並非都這麼通俗易懂，尤其德謨克利特和他的支持者認為，生物是經由某種試驗與錯誤才得以「進化」。這種理論有一個滑稽的版本：以前，動植物的不同部位可以天馬行空地自由組合——象鼻子貼在魚身上；玫瑰花瓣長在馬鈴薯上等——最終搭配成我們今天所見的樣子。這個理論也可以這樣解釋：曾經有一條狗腿偶然長在了貓身上，於是產生了一種新動物，但是它不能活下來，所以就沒有長著狗腿的貓。這樣過了一段時間，所有的狗腿都長在了狗身上。謝天謝地，而且所有的人腿也都長在了人身上。（古希臘另一個有關進化的說法似乎可靠一些，不過稍微有點噁心：一切生物都是由非常古老的黏液逐漸成形的。）

原子論只說芸芸眾生是因機遇和需要偶然而成，既沒有闡明宇宙的最終意義，也沒有任何偉大的設想，所以多數人並不看好它。希臘的哲學主流在追求「意義」、「真理」和「完美」，這個理論的確前景黯淡。和德謨克利特等原子論者同時代的希臘人一定完整地聽到了他們的爭論；我們卻只能從後來的哲學家的引述和討論中獲知一二。還有一位原子論者生活在羅馬時期，他就是盧克萊修（Lucretius，約西元前一〇〇－五五），賞心悅目的哲學詩《物性論》（*On the Nature of Things*）的作者。在詩裡，他用原子論闡述了宇宙、地球和世間萬物，包括人類社會的進化。

・古希臘科學家的巨大貢獻

我們知道一長串古希臘科學家和數學家的名字及成就，他們足足跨過了一千年。在最偉大的這一群人裡，有一個名字是亞里斯多德（Aristotle）。他的自然論在他死後依然長期占據主導地位。（我們將在第五章對他進行詳細介紹。）亞里斯多德之後，有三個人為推動科學持續發展做出了巨大貢獻。

歐幾里得（Euclid，約西元前三三〇－二六〇）是其中一位。他不是幾何學的創始人（巴比倫人就相當擅長幾何學了），但是他把公設、公理和求證步驟收集成冊，編撰了一本幾何學的教科書。幾何是解決空間問題的實用數學，包括點、線、面和體積。歐幾里得提到了平行線永不相交、三角形內角和是一百八十度等幾何概念。他的傑作《幾何原本》（*Elements of Geometry*）風靡整個歐洲。說不定哪天你也會學習到他的「平面幾何」，我希望那時你也會折服於它的清晰簡潔之美。

第二位是埃拉托色尼（Eratosthenes，約西元前二八四－一九二），他用簡單而有效的幾何方法計算了地球的圓周。他知道夏至那天，即一年當中白天最長的日子，太陽正好位於賽恩（Syene）的天頂。於是在那一天，他到距離賽恩以北五千個「斯塔德」（stade）[3]的亞歷山大城測量了太陽的角度，他曾經在那裡的一個著名博物館和圖書館擔任館員。得出數據之後，他利用幾何學計算出地

3 「斯塔德」是古希臘測量距離的單位，大約一個競技場長度。一個斯塔德相當於〇・一英里，約合〇・一六公里。

球大概是二十五萬個斯塔德那麼大的一個圈。就此結束了嗎？他的預測四〇二三三·六公里，和我們現在知道的準確數字四〇〇七五·一六公里（赤道周長）相差無幾。一定要注意，埃拉托色尼相信地球是圓的。人們並非一直認為地球是一個大扁片，航海員可能會從其邊緣掉下去。這個認識比克里斯托弗·哥倫布（Christopher Columbus）的美洲之旅要早得多。

三人中的最後一位是克勞迪烏斯·托勒密（Claudius Ptolemy，約一〇〇－一七八）。他也在埃及北部亞歷山大大帝建造的亞歷山大城工作過。他像很多古代科學家一樣興趣廣泛。他的文章涉及音樂、地理、自然和光等主題，不過使他名垂青史的作品卻是由阿拉伯人命名的《天文學大成》（*Almagest*）。在此書中，托勒密不但歸納了諸多希臘天文學家的研究，而且補充了自己的觀察，包括星圖、日月星辰運動的計算和宇宙結構。和其他同時代的人一樣，他推測地球是宇宙的中心，日、月、恆星和行星都以圓形圍繞地球轉動。托勒密也是數學高手，經過幾次小小的修正之後，他發現自己已經有能力計算曾經備受關注的行星運動。

太陽圍繞地球轉動的理論很難自圓其說，事實也並非如此。但是托勒密的書是中世紀歐洲和伊斯蘭天文學家必讀之書，是第一批被翻譯成阿拉伯文的作品，隨後又被譯成拉丁文，備受追捧。許多人認為托勒密的地位與希波克拉底、亞里斯多德、蓋倫（Galen）相提並論，而我們在後面章節將分別介紹另外三位。

· 4 ·

醫學之父：希波克拉底

如果你去看病，別忘記問醫生在畢業典禮上有沒有宣讀過希波克拉底誓詞。這個誓詞有兩千多年的歷史了，現在很多醫學院延續著讓學生背誦的傳統，有些卻放棄了。但是它仍然值得我們研究。很快你就會明白它的意義所在了。

雖然，這個知名誓言是以希波克拉底[4]命名的，但並非完全出自他之手。事實上，他署名的約六十篇論文（以專題分冊），其中只有幾篇是出自他筆下。我們對他所知甚少。西元前四六〇年左右，他出生在科斯島（Cos），離現在的土耳其不遠。為了謀生，他行醫授課。他的兩個兒子和一名女婿可能也是醫生。古往今來，代代行醫的例子層出不窮，出現不少醫學世家。

希波克拉底文集收錄了兩百五十多年間眾多的個人作品。書中論文各抒己見，觸及層面豐富。包括診治疾病、治療斷骨和脫臼、應對時疫、醫療保健、合理膳食，以及環境對健康的影響等。這些文章不但有助於行醫治病，而且有助於協調醫患、同行之間的關係。簡而言之，它在當時是包羅萬象的醫學百科。

這些文集題材廣博，引人注目，它的寫作年代更是令人感嘆。要知道，希波克拉底是蘇格拉底、柏拉圖、亞里斯多德的前輩，生活在偏僻的科斯小島上。如此久遠之前的手寫論文能留存下來，實在太驚人了。那時候沒有印刷術，所有的文字都是一筆一筆寫在羊皮紙上、獸皮上、黏土上，或者

4 希波克拉底（Hippocrates，西元前四六〇－三七〇）：古希臘醫生，被西方尊為「醫學之父」，西方醫學奠基者。提出「體液學說」，他的醫學觀點對以後西方醫學的發展有巨大影響。——編注

其他的什麼東西上，然後再手手相傳。但是，歲月使墨跡褪色，加上戰爭和氣候的破壞，還有昆蟲的無孔不入，我們現在只能讀到由後代的愛好者抄寫的版本。這些抄本越多，倖存於世的數量就會越大。

・疾病不是超自然的神靈附體

希波克拉底文集奠定了西方醫學的基礎，他自己也是獨樹一幟的人物。幾百年來，行醫一直遵循三條基本原則。第一條是現代醫學的根基：堅信病因是「自然」因素，必須做出理性的解釋。在他之前，希臘人和附近的島民都認為疾病是超自然的原因所致。如果人們冒犯了神靈，或者是有魔法的人唸了咒語都會招來疾病。要是由巫師、魔法和神靈帶來的疾病，那麼最好求助神職人員或術士來找到病因和最佳治療方案。即使是現在，依然有不少人相信神學療法，信仰治療師仍有一席之地。

希波克拉底的追隨者可不是信仰治療師，他們是真正的醫生，相信疾病的普遍性和自然屬性。這個觀點在論文《神聖的疾病》（*On the Sacred Disease*）中表述得一清二楚。這篇短文論述的是癲癇，現在很常見的一種疾病：眾所周知，亞歷山大和凱撒大帝都有這種病。癲癇患者會突然發作，失去意識、肌肉抽搐、身體扭曲，有時可能失禁。慢慢地，發作結束，他們恢復意識，重新控制自己的身體。現在人們把癲癇發作看成平常事，甚至只當作一個插曲。但是，眼睜睜看著病人發作還是太怵目驚心，所以古希臘人認為是神靈製造了這種瘋狂神祕的發作，並稱之為「神聖的疾病」。

論文的作者對此不置可否，那句著名的開篇語句開宗明義地表明了他的態度：「我不相信『神聖的疾病』比其他的疾病更神聖、更有神意。相反，我相信它有明顯的症狀和明確的病因。但是，因為它和其他的病症完全不同，一直被那些大驚小怪又愚昧無知的人當作神靈附體。」作者認為癲癇是大腦黏液淤堵的結果。像醫學和科學界的多數理論一樣，它也在發展中被更準確的結論所取代。但是不容置疑的是——不能因為某種疾病的獨特性、神祕性，或者僅僅因為難以解釋，就斷言它是超自然的傑作——這是科學與時俱進的指導原則。我們現在可能不理解，但藉由耐心和努力，我們遲早會明白的。希波克拉底遺留給我們許多永無休止的爭論，這不過是其中之一。

・體液說與自然治癒能力

希波克拉底的第二條原則是健康和疾病都與「體液」有關。（曾經有一種解釋說攜帶好體液的人是健康的，攜帶壞體液的則是不健康的。）論文《人的本質》（*On the Nature of Man*）入木三分地表達了這個觀點，而這篇論文的作者可能是希波克拉底的女婿。希波克拉底的其他文章也提到過兩種體液是病因——黏液和黃膽汁。《人的本質》補充了另外兩種：血液和黑膽汁。作者認為，這四種體液對人類的健康具有關鍵作用，如果體液失調（某一種或幾種過多或過少的狀態）則必然招致疾病。你生病的時候一定見過自己的體液：發燒的時候出汗；感冒或胸部感染的時候，流鼻涕、咳嗽生痰；肚子不舒服的時候，反胃嘔吐，向下走則是腹瀉；還有擦傷和割傷引起的出血。曾經在古希臘流行的黃疸病，就是由包括瘧疾在內的多種疾病侵犯多個產生體液的器官造成的，症狀是皮膚變黃，不過現在已經不常見了。

希波克拉底的追隨者把器官和體液一一對應：血液對應心臟；黃膽汁對應肝臟；黑膽汁對應脾臟；黏液對應大腦。《神聖的疾病》作者認為癲癇是腦部黏液堵塞的反應。若是患上類似感冒或者腹瀉一類的疾病，體液的變化顯而易見。每一種體液都有自己的屬性：血液溼熱、黏液溼冷、黃膽汁乾熱、黑膽汁乾冷。這些特徵在我們生病的時候顯露無遺：傷口流血紅腫的時候是熱的；但是當我們感冒的時候就會「感覺」冷，甚至打寒顫。（蓋倫在六百多年後發展了希波克拉底的理論，同樣用冷、熱、乾、溼四種元素對我們的飲食和藥物做出分類。）

對所有病人最好的療法就是恢復體液的平衡。說易行難，希波克拉底讓病人體液回復「自然」狀態的實踐過程，遠比循規蹈矩地治病複雜得多。不同的病人有不同的體液平衡點，所以醫生必須全面瞭解病人，包括病人的居住環境、飲食結構、謀生手段，才能判斷病情，預測發展。我們生病的時候，最想知道病情的發展趨勢和治療方法，而希波克拉底的追隨者們對此諳熟於心，這使得他們聲名遠揚，求醫者不斷。

希波克拉底的追隨者將自己對疾病的觀察結果和臨床經驗傳授給學生們（大部分是他們的兒子和女婿）。學生又把這些經歷以摘要的形式言簡意賅地記錄下來，稱為「格言」，編成《箴言集》（*Aphorisms*），成為後世醫生最為熟知的希波克拉底著作之一。

希波克拉底有關健康和疾病的第三條重要原則被概括為一句拉丁文「*vis medicatrix naturae*」，意思是「自然治癒能力」。希波克拉底和他的信奉者認為，生病時體液的移動是身體努力自癒的徵兆。所以，出汗、咳痰、嘔吐和流膿都被看作身體在排出體液，或者叫作體液的「料理」（他們借喻了很多廚藝用語）。身體藉助這些方式來清除、改正、淨化那些因疾病造成的壞體液。醫生的任務就是為這個自然的療癒過程助一臂之力。醫生是自然的僕役，而非主人，只有對病情發展細緻入微地觀察，才能熟知疾病的變化過程。很多年以後，有位醫生創造了「自限性疾病」一詞來描述疾病的這種傾向。現在我們都知道，很多病是可以自行痊癒的。醫生有時自嘲地說，如果由他們進行治療，病可能一週會好，如果沒有他們，病人過七天也能康復。希波克拉底對這個說法一定投贊同票。

希波克拉底的追隨者留給我們的除了有關醫藥、外科、保健和流行病學的著作以外，還有激勵了世代醫者的希波克拉底誓言。它其中有一部分是關於年輕學生和導師之間的關係，還有醫生間的相處之道，不過，大部分是談醫生行醫時的行為規範，如醫生永遠不能凌駕於患者之上、不可以洩漏病人隱私、不能毒害病患。所有這些至今仍然是醫學倫理的要義。不過，流傳千古最著名的那段聲明是：「我願盡己之能力與判斷力所及，遵守為病人謀利益之信條；我將檢點吾身，不做各種害人及惡劣行為。」「不傷害患者」應該仍是每個醫生的宗旨。

· 5 ·

無所不知的亞里斯多德

亞里斯多德[5]說：「求知是人類的本性。」你可能遇到過對知識如飢似渴的人，也可能碰到過一個「百事通」，對什麼都了無興趣，而亞里斯多德格外珍視好奇心。他期盼人人渴求知識、瞭解自己和世界。但是很不幸，我們知道事實總是不盡如人意。

亞里斯多德一生孜孜以學、諄諄育人。西元前三八四年，他出生在色雷斯（Thrace，現在的希臘哈爾基季基〔Khalkidhiki〕）的斯塔吉拉（Stagira）。他的父親是一位醫生，但在他十歲左右的時候，普羅克森努斯（Proxenus）成為他的監護人和老師。大約十七歲時，亞里斯多德到雅典著名的柏拉圖學院求學，並在那裡度過了二十年。

雖然他瞭解自然的方式與柏拉圖完全不同，但他對老師尊敬有加，西元前三四七年柏拉圖去世以後，他才著手撰寫自己的書籍。柏拉圖提出了很多讓現代哲學家也百思不得其解的問題，比如，什麼是美的本質？什麼是真理？什麼是知識？怎麼做個好人？社會的最佳結構是什麼？誰在制定我們的生活法則？經驗告訴我們的是世界的「本來面目」嗎？所以有人說，西方哲學史不過是對柏拉圖的思想做了一些註腳而已。

亞里斯多德也痴迷於這些哲學問題，不過他嘗試解答的方式被我們稱為「科學」。和柏拉圖一樣，他也是哲學家，但他是「自然界」的哲學家，我們稱他是「科學家」。他最感興趣的哲學分支

5 亞里斯多德（Aristotle，西元前三八四－三二二），偉大的哲學家、科學家和教育家之一，堪稱古希臘哲學集大成者。他是柏拉圖的學生，亞歷山大大帝的老師。——編注

是邏輯學——怎樣條理清晰地思考。他忙忙碌碌於世間萬物之中，他關注大地星空，也鑽研自然更迭之法。

現存於世的亞里斯多德著作所剩無幾，幸好我們幸運地發現了一些他的演講筆記。柏拉圖死後，外鄉人亞里斯多德出於安全考慮離開雅典去了阿索斯（Assos，現位於土耳其）。他在那裡生活了幾年，建立了一所學校，並娶了地方官員的女兒。妻子去世之後，他和一個女奴共同生活並且有了兒子尼科馬庫斯（Nicomachos）。亞里斯多德在阿索斯開始生物學研究，後來搬到列斯伏斯島（Lesbos）繼續鑽研。

西元前三四三年，他得到了一份重要的工作：到馬其頓王國（現在是希臘北部的獨立國家）擔任亞歷山大大帝的老師。他原本希望把這個學生轉變成一個理性果敢的統治者，但是沒有成功。不過亞歷山大逐步統治了大部分他所知道的國家，包括雅典，所以亞里斯多德得以平安重返這座城市。他沒有再回柏拉圖學院，而是在雅典城外創建了一所新學校。那裡有一個開放的走廊（希臘文的意思是「踱步」或者「不停地走來走去」），所以他的追隨者也被稱為「逍遙學派」（Peripatetics）。「不停地走來走去」正好描述出亞里斯多德頻繁地從一個地方到另一個地方的狀態，說法非常貼切。亞歷山大死後，失去依靠的亞里斯多德只好搬到希臘的卡爾基斯（Chalcis），這是他最後一次搬家，不久後他在那裡去世。

・透過實踐尋找答案

作為科學家，亞里斯多德一直飽受爭議。他是一名貨真價實的哲學家，一個追求智慧的人；然而他窮其一生探知世界，所行之道正是我們現今公認的科學之路。他對地球、天體和生物的研究，影響了人類一千五百多年的認知。他和蓋倫一起超越了所有的古代思想家。他不是不切實際的思想家，事實上，他是以歷史為基礎、真正在物質世界裡透過實踐尋找答案的人。

我們可以把亞里斯多德研究的科學分成三部分：活著的世界（動植物，包括人類）；變化或運動的本質，大部分內容包含在他的著作《物理學》（*Physics*）裡；天體結構，也就是地球與太陽、月亮、星星和其他天體之間的關係。

亞里斯多德花了大量精力研究動植物相互依賴、相互影響的關係。他想知道它們在出生前、孵化前或是萌芽前是如何變化生長的。他沒有顯微鏡，但他有敏銳的觀察力。他活靈活現地描述了小雞破殼前的發育過程。他用一批新下的雞蛋，每天敲碎一個進行觀察。他看到的第一個生命體徵，是一個不起眼的小血點，應該會在形成小雞心臟的位置跳動。由此他相信心臟是動物的重要器官，是情感的中心，也就是我們說的精神世界。事實上，柏拉圖（還有希波克拉底）已經把這些心理功能歸於大腦，他們才是對的。但是，當我們害怕、緊張，或者是戀愛的時候，我們的心跳都會加快，所以亞里斯多德的理論也不是無稽之談。他把類似於人類的較高等動物的功能歸於「靈魂」的運作，

「靈魂」有不同的機能或職能。人類的靈魂有六大主職：滋養與繁殖，知覺、慾望、運動、想像、理智。

所有的生物或多或少具備這些能力。比如，植物可以生長繁衍；昆蟲，例如螞蟻，既能活動又能感知。其他大一點的、智能高一些的動物有更複雜的功能。但是亞里斯多德認為只有人具有理智——能夠思考、分析和做出決斷。

亞里斯多德設計了一架能安置所有生物的階梯——自然之梯（scala naturae，即「自然的尺度」，或「存在巨鏈」），最底層是簡單的植物，逐層升級，人類不容置疑地位居頂端。在後來漫長的歲月中，一直有研究自然，尤其是植物和動物的自然學家，專注於這個理論。若想一探究竟，就到後面的章節尋找答案吧。

亞里斯多德找到一個解釋植物不同部分的作用和動物不同部位的功能的好辦法。例如，樹葉、翅膀、胃或者腎臟，他推測每一部分的結構都帶有預設的特殊功能。比如，為了飛翔而生出翅膀；為了消化食物長出胃；為排尿生出腎。這種推理被稱作「目的論」（teleology）：「目的」就是最終的意思，關注點在於事物是「什麼樣」或者「做什麼」。比如一個杯子或一雙鞋，它們有各自的形狀，那是因為製作的人有明確的目的：盛放液體以供飲用，或者保護雙腳便於行走。後面的章節還會提到目的論推理，不僅解釋動植物各部位分工不同的原因，還將帶你走進更廣闊的物質世界。

・「目的因」激發了所有的運動

植物發芽、動物出生，它們成長，然後死亡；四季輪迴；掉的東西總會落到地上，這都是亞里斯多德試圖解釋的現象。有兩個概念對他而言意義深遠，一個是「潛在性」，另一個是「現實性」（actuality）。老師和家長可能要求你激發潛能，通常是指你在考試時發揮出最好水平，或者競賽時跑出最快的速度。這只是亞里斯多德概念的一部分，而他看到了事物中各式各樣的潛在性。從他的視角去看，一堆磚有成為房子的潛力，而一塊石頭有變成雕像的潛力。建造和雕刻把這些死氣沉沉的物體的潛能轉換為成品，或者說轉換為「現實」。「現實性」是潛在性的終極目標，此時，有潛在性的物體找到了它們的「自然狀態」。比如，亞里斯多德認為東西像蘋果落地一樣掉下來，就是要到地面上尋找它們的「自然狀態」。蘋果不可能突然長出翅膀飛行，因為它和其他萬物一樣都在尋找大地，況且會飛的蘋果太不符合自然規律了。落地的蘋果繼續變化——如果沒人把它撿起來吃掉，它將腐爛，這也是一個蘋果生死的必然環節。但是它藉由落地成功地獲得了某種「現實性」。即便是衝上雲霄的小鳥也會重返大地。

如果一切的「自然」歸宿都在堅實的大地上，那麼日月星辰又該如何解釋呢？難道它們就像蘋果掛在樹上或者巨石躺在山崖上一樣高高地待在上面了？可是它們從來沒有砸向地球啊，太幸運了。亞里斯多德給出的答案很簡單。月亮之下，變化無常，因為世界是由四種元素組成的：火、氣、土和水。（它們的特徵分別是：乾熱的火；溼熱的氣；乾冷的土和溼冷的水。）但在月亮之上，天體是由第五種不變的元素組成的：第五元素（quintessence）。天體永不停歇地做著完美的圓周運動。亞里斯多德的宇宙觀有固定的空間，但是沒有固定的時間。太陽、月亮和群星永遠圍繞漂浮在中心位置的地球轉動。地球是中心，也是整個宇宙中唯一一個有新舊更替的地方。可惜這是一個美麗的錯誤。

圍繞地球運動的起因在哪裡？亞里斯多德非常注重「原因」。他創建了一套完整的分析體系，他把原因分為四類：「物質因」、「形式因」、「動力因」和「目的因」。他認為人類的活動，甚至整個世界發生的事物，都可以透過這種方式解釋。我們再回過頭去看看做成雕塑的那塊石頭吧。石頭本身是「物質因」，雕像由它而生；工匠按照某種「形式因」雕刻出形狀，而雕鑿石頭這一動作則是「動力因」；工匠腦子裡的設想——比如說形狀，是雕一隻狗好呢？還是刻一匹馬好呢？——就是「目的因」，也是實施所有行為的啟動計畫。

科學就是找出原因。科學家想知道發生了什麼和為什麼。是什麼導致細胞無休無止地分裂，讓人類患上癌症？是什麼讓夏天綠油油的樹葉在秋天變棕、變黃、變紅？為什麼酵母能讓麵包膨脹起來？很多類似的問題都可以透過不同的「原因」解釋。有時候謎底很簡單，有時候又相當複雜。多數情況下，科學家要處理的是亞里斯多德所謂「動力因」的部分，但不能忽視「物質因」和「形式因」的重要性。「目的因」則引出了不同的議題。在現代科學實驗中，科學家關注的是對進程的解釋，而不再尋找和宗教或哲學更為密切的廣泛解釋或「目的因」。

回到西元前四世紀，亞里斯多德相信「目的因」是不可或缺的。他提出把宇宙當作一個整體來看，其中必定有一個「目的因」激發了所有的運動，他對此命名為「不動的推動者」，這是亞里斯多德一直被尊為偉大思想家的原因之一。後來很多宗教（例如基督教、猶太教和伊斯蘭教）把這股力量歸諸他們的神。亞里斯多德創立的世界觀主宰科學界幾乎長達兩千年。

· 6 ·

御醫蓋倫

蓋倫[6]聰明絕頂而且自命不凡。他筆耕不輟，作品裡全是自己的觀點和研究成果。他的諸多言論千載流傳，任何其他的古代作者都無法企及，由此可見世人對蓋倫著作的高度評價。他的專著有厚厚的二十冊流傳至今，而這只是他作品的冰山一角。所以，我們對他的瞭解比對其他的古代思想家更多。蓋倫也寫文章自誇，不過這點無傷大雅。

蓋倫出生於帕加馬（Pergamum，現位於土耳其），那裡當時是在羅馬帝國的邊境。他的父親是一名成功的建築師，小蓋倫天資卓越，並在希臘接受了系統性的教育，包括學習哲學和數學。誰知道是怎樣的一個神夢啟示了他的父親，說他將成為一名醫生，反正，蓋倫轉行學醫了。父親過世後，他繼承了豐厚的家產，遊學多年，沉浸在埃及亞歷山大城著名的圖書館和博物館裡。

回到帕加馬後，蓋倫成了一名醫生，負責救治「鬥劍士」——為了娛樂富人階層，被選出在競技場裡互相打鬥，或者和獅子等其他野獸廝殺的男人。照顧他們是一項艱鉅的工作，在每場搏鬥之間，他必須處理好傷者，好讓他們能夠繼續戰鬥。我們從蓋倫的描述中得知他對自己非常滿意。他在創傷外科方面累積了非凡的經驗，也在富人圈裡聲名遠揚。於是，大概在西元一六〇年，他到羅馬帝國的首都羅馬，在那裡開始撰寫解剖學（有關人類和動物身體結構的研究）和生理學（有關結構功能的學科）方面的文章。他曾經陪同皇帝馬可・奧理略（Marcus Aurelius）出征，這個皇帝寫了

6 克勞迪亞斯・蓋倫（Claudius Galen，一二九－約二一〇），古羅馬時期最著名、最有影響力的醫學大師，他被認為是僅次於希波克拉底的第二個醫學權威。蓋倫不僅是一名醫生，也是一位動物解剖學家和哲學家。——編注

流芳百世的《沉思錄》（*Meditations*）。他們在漫長的行軍途中共同探討哲學問題，蓋倫贏得了馬可・奧理略的器重和鼎力相助。重要人物源源不斷地登門求診，按照蓋倫的說法，來看病的人該好的全好了。

蓋倫的醫學偶像是希波克拉底，儘管他已經離開了五百多年。蓋倫賦予自己的使命是完成和發展大師的遺志，從許多方面來看，他也的確說到做到。他評註了希波克拉底的多本著作，並坦言自己的很多觀點都受到了希波克拉底的啟發。他是一個語言高手，精通詞義變化，所以他對希波克拉底的評註一直備受青睞。更值得一提的是，他把希波克拉底的體液學說完善成體系，隨後該體系被應用了一千多年，其影響力可想而知。

・體液的平衡與失調

蓋倫行醫的核心依據是體液的平衡和失調。他和希波克拉底一樣認同四體液學說——血液、黃膽汁、黑膽汁和黏液，各具冷、熱、乾、溼的特點。而要治療疾病，必須選擇「相反」的療法，施以同樣的強度。比如，治療三級溼熱病，應該用三級乾冷處方。再比如，患者流鼻涕、發冷，應該服用乾熱的藥物和食品。藉由重新調節體液，人可以重返健康的「均衡」狀態。說起來這是一件循規蹈矩、簡單易行的事，但現實中的事情總是變幻莫測。醫生需要瞭解病人的大量訊息，然後再慎重地對症下藥。而蓋倫總能及時糾正其他醫生時有發生的錯誤，所以大家都相信他的診斷和療法勝人一籌。他是一個精明的醫生，既關注健康和疾病的生理層面又注重精神層面，口碑頗佳。曾經有一個少女，每次在城裡看見英俊的男舞者演出就心跳加速、雙腿發軟，蓋倫對此的診斷是「相思病」。

蓋倫還提出了觸摸脈搏這項經久不衰的醫學技能。他寫過有關脈搏的論文，脈膊快或慢、強或弱、規律或凌亂，對診斷疾病很有幫助，不過那時他還不知道血液循環的理論。

蓋倫比希波克拉底對解剖學更感興趣。在古代，解剖人體為社會不容，蓋倫當然也不例外，雖然有屈指可數的幾個醫生被允許檢查罪犯的身體，但也是在他們活著的時候。所以蓋倫不放過任何可以解剖動物屍體或檢驗人體骨骼的機會。他透過解剖豬、猴等動物，領悟人體解剖結構，有時機緣巧合能碰上一具腐爛的屍體，或重傷中暴露出的皮膚、肌肉和骨骼結構。現代科學仍用動物進行研究，科學家們必須詳細地標明實驗數據的來源，可是蓋倫總是忘記標明來源，這實在讓研究者頭疼。

在蓋倫看來，解剖學不但自身意義重大，而且對於理解器官功能的作用也不容小覷。他最具影響力的論文之一《論人體各部位的功能》（*On the Uses of the Parts*）就透視了各「部位」即器官的結構，以及它們在整個人體機能中所起的作用。蓋倫推斷：各器官都肩負使命，否則它就不會出現。你也這麼想吧？（我懷疑他沒見過闌尾。那個消化器官裡的小不點，很久以前負責消化植物，但是現在一點用處都沒有了。）

·以「靈氣」體系解釋人體的運作

身體機能的核心是一種古希臘人稱作「*pneuma*」的物質，很難找到一個合適的詞彙對應，我們暫且用「靈氣」代替，記住這裡還有「氣」（air）的含義。即便現在，有一些醫學名詞也以它為基礎，比如「肺炎」（*pneumonia*）。蓋倫認為人體內有三種「靈氣」，瞭解了它們各自的功能，就掌握了人體功能的要點。其中最基礎的「靈氣」與肝臟相連，主導營養。蓋倫認為肝臟可以把胃消化過後的物質運送進血液，然後補充進「自然靈氣」，這些血液再從肝臟經過靜脈分布全身，為肌肉和其他器官輸送營養。

蓋倫還認為，有些血液流經肝臟通過一根粗血管——腔靜脈——到達心臟，進一步接受另一種靈氣的淨化，即「生命靈氣」。在這一過程中，心臟與肝臟合作，一部分血液通過肺動脈（起自右心把營養送到肺，並和我們呼吸進去的空氣融合。與此同時，一部分心臟的血液通過心臟中間的膈膜從右流到左，因為注入了「生命靈氣」而變得鮮紅。（蓋倫注意到，動脈血的顏色有別於靜脈血。）心臟左邊的血液則順著主動脈——運送血液離開左心室的大動脈——流出，溫暖人體。蓋倫肯定了血液對於個體生命的重要性，但是他對血液循環還一無所知，這讓威廉・哈維（William Harvey）在差不多一千五百年後搶了頭功。

在蓋倫的理論裡，還有一部分血液從心臟奔向大腦，在那裡和最精細的第三種靈氣——「動物靈氣」——相遇後，透過神經系統分散，它賜予大腦特殊的功能，它讓肌肉動起來，因而我們可以運動；它讓感官可以被靈活運用，因而我們可以感知外部的世界。

蓋倫結合一些重要的器官（肝臟、心臟和大腦）建立了三種「靈氣」的體系，一千多年來無人質疑。我們應該記住的是，蓋倫主要利用這個理論來解釋人在健康時身體的運轉方式。他在診治病人的時候，仍然信賴希波克拉底的體液分類法。

蓋倫在其他的醫學領域也一樣揮灑自如，比如他論述了藥物和藥性、如肺病等特殊的器官疾病、衛生學、保健、精神和身體的關係等。事實上，他的思維非常具有前瞻性，他堅持醫生應該是哲學家和偵探的結合體：既是思考者，也是實驗者。他強調醫學首先是一門理性的科學，所以他銳意進取，博採眾長。後來那些自認為已經成為科學飽識之士的醫生們，依然欣賞蓋倫寬廣的思路和可行性建議（它們建立在他豐富的經驗之上）。縱觀西方醫學史，沒有哪個醫生的影響力像蓋倫這樣曠日長久。

蓋倫的影響力能久經時日有多方面的原因。首先，他高度認可亞里斯多德，兩個人經常探討交流。他們都是研精鉤深的思想家和精力充沛的研究員，都相信世界是精心設計的傑作，也都讚美設計者。蓋倫不是基督徒，但是他相信一神論，這使他輕而易舉獲得了早期基督教的包容。其次，他的自信讓他看起來無所不知。像多數長期著書立說的人一樣，他有時也前後矛盾，但他總是對自己的觀點言之鑿鑿。因此，後人給了他一個可以引以為豪的頭銜——「神醫蓋倫」。

· 7 ·

伊斯蘭與科學

蓋倫沒有活到看見羅馬帝國的衰頹。西元三〇七年，它一分為二，新皇帝君士坦丁（Constantine，二八〇—三三七）移都東羅馬——君士坦丁堡，即現在土耳其的伊斯坦堡。在那裡，他更靠近帝國東部的疆土，我們現在稱之為中東的地方。大批學者帶著學識和智慧、帶著古希臘和拉丁文的手稿紛紛東遷。

遵循偉大先知穆罕默德（五七〇—六三二）教義的伊斯蘭教，在中東應運而生。伊斯蘭教主導了幾乎全中東地區和北非，甚至遠及西班牙和東亞，但在穆罕默德死後的兩個世紀中，這個新興的宗教被局限在巴格達和其他幾個地區。所有的穆斯林學者都研讀過伊斯蘭教的核心宗教典籍《可蘭經》，他們中有很多人對西元四五五年隨羅馬被攻陷而傳入的手稿感興趣，並在巴格達建立了「智慧之家」，鼓勵有志青年加入研究和翻譯這些古老原稿的行列。

很多古老的手稿仍然是原始的希臘文或拉丁文，還有一些已經被譯成中東的各種文字。亞里斯多德、歐幾里得、蓋倫以及古希臘其他思想家的作品也被翻譯完成。這是一項功德無量的偉業，因為有很多原本已經無處可尋，如果沒有伊斯蘭學者，我們對科學前輩的瞭解將遠不如現在之多。更重要的是，正是他們翻譯的作品，奠定了約一千一百年後歐洲科學和哲學的基石。

伊斯蘭的科學和它的領土一樣橫跨東西。伊斯蘭地區就像歐洲一樣推崇亞里斯多德和蓋倫——亞里斯多德走進了伊斯蘭哲學的殿堂；蓋倫成為醫學理論和實踐的大師。與此同時，印度和中國的一些創意傳入西方。中國發明的紙簡化了文稿的書寫，不過還是要用手抄，錯誤在所難免。印度數學家則發明了一到九的數字、零的概念和數位的理論。歐洲人用羅馬數字計算，比如Ⅰ、Ⅱ、Ⅲ，雖然他們習以為常，但用起來還是很麻煩。寫出「4×12」比寫成「Ⅳ ×Ⅻ」更簡單，不是嗎？當歐洲人把伊斯蘭作品翻譯成拉丁文的時候，他們把這些數字稱作「阿拉伯數字」——嚴格來講，應該是「印度－阿拉伯數字」，不過，這也未免太拗口了！「代數學」（algebra）一詞真正的起源是「al-jabr」，它是一本被譯成多種文字著作的書名，作者是一名十九世紀的阿拉伯數學家。我們把代數留在第十四章詳談。

・領先世界三百多年的燦爛科學

伊斯蘭學者透過敏銳的觀察獲得很多偉大的發現。如果你曾經登上山頂，或者去過一個高海拔的國家遊覽，你一定知道空氣稀薄導致呼吸比較困難。但是這個高度的極限是多少呢？換句話說，就是圍繞地球可供呼吸的空氣範圍，延續到大氣層的哪個高度？十一世紀的伊本．穆阿德（Ibn Mu'adh）找到了一條獲得答案的捷徑。他的推斷來自黃昏：太陽下山的時候，天空還是亮的，這是因為高空中的水蒸氣反射了太陽的餘暉。（很多伊斯蘭學者痴迷於光的變幻莫測。）他觀察太陽從向晚空中消失的速度，計算出日落時太陽在水平面以下十九度的位置。基於這個數字，他推算出大氣層的高度是八十四公里，這一數值十分接近我們公認的正確值一百公里。伊本．穆阿德的推算方法簡單卻行之有效，令人佩服。

另外一些伊斯蘭學者研究了鏡子裡的反光和光線進入水中的神奇變化。（找一個裝了半杯水的玻璃杯，放一隻鉛筆進去，筆彎了，是不是？）多數希臘哲學家曾經推測，人能看見物體是因為眼睛射出的光打在了物體上，然後又被物體反射回來。伊斯蘭科學家的觀點更進步，他們認為是眼睛接收了看到的物體發出的光，然後再由大腦進行詮釋。但是他們同時問道，那些在黑暗裡我們看不見的東西是什麼樣呢？

在中東，很多人擁有在黑暗中依然敏銳的雙眼，他們是觀測星星的天文學家。伊斯蘭天文學家繪製的夜空圖比西方的略勝一籌。他們仍然認為地球是宇宙的中心，不過，波斯的納西爾丁．圖西（al-Tusi）和敘利亞的伊本．沙提爾（Ibn al-Shatir）製作的圖表和統計出的數據，讓三百年後的波蘭天文學家哥白尼（Copernicus）受益匪淺。

伊斯蘭的科學震盪了歐洲的思想，醫學更是首當其衝。人們樂此不疲地翻譯、批註希波克拉底、蓋倫和其他古希臘醫生著作的時候，有幾位伊斯蘭醫生脫穎而出。比如波斯的拉齊（Rhazes，約八五四－約九二五），現在在西方他的名字也是如雷貫耳。當年他寫了包括醫學在內的很多專題著作；他詳盡地描述了令人恐慌、即便死裡逃生也會疤痕累累的天花病症。天花和麻疹的共同點是出疹子和發燒，常被混為一談，但是拉齊區分了它們。麻疹通常侵襲兒童和某些成人，而天花在今日已經滅絕，這要歸功於世界衛生組織（WHO）在全世界普及的疫苗。最後一個天花病例發生在一九七七年，拉齊可以含笑九泉了。

阿維森納（Avicenna，九八〇－一〇三七）則是最具影響力的伊斯蘭醫生。他和其他傑出的伊斯蘭學者一樣博學多聞，既是醫生又是哲學家、數學家和物理學家。作為科學家，他發展了亞里斯多德的光學理論，並糾正了蓋倫的若干錯誤。他的《醫典》（*Canon of Medicine*）屬於第一批被翻譯成拉丁文的阿拉伯文書籍，而且在長達約四百年的時間裡，一直被奉為歐洲醫學院的教科書。時過境遷，它現在已不再實用，不過有些伊斯蘭國家仍在沿用。

伊斯蘭國家的科學和哲學曾領先世界三百多年。歐洲在沉睡的時候，中東（和西班牙的安達盧西亞）正風風火火。在伊斯蘭世界，科學發展最活躍的城市是巴格達、大馬士革、開羅和西班牙的哥多華（Cordoba）。這些城市有一個共同點：開明的統治者注重研究並予以資助，而且接納不同信仰的學者。因此，無論是基督教徒、猶太教徒，還是穆斯林都卓有建樹。許多伊斯蘭統治者都不問知識的出處，不過也有一些人相信《可蘭經》就涵蓋了人應該知道的一切。科學永遠是文化中吐故納新最強大的力量，發現新事物本身就是製造驚喜。

· 8 ·

走出「黑暗時代」

我們希望科學家源源不斷地發現新事物，期盼著科學持續日新月異。但是，如果我們認為已經看透世界、通曉一切了，科學又會是什麼樣子呢？那時，頂尖的科學家可能只要看看其他人的發現就夠了。

西元四七六年羅馬帝國滅亡以後，歐洲開始盛行這種守舊的觀點。那時，基督教已經成為羅馬帝國的官方宗教（君士坦丁大帝是第一位改信基督教的皇帝），《聖經》成為唯一一本真正重要的書。早期基督教最具影響力的思想家聖奧古斯丁（St Augustine，三五四－四三〇）曾經說過：「真理在上帝的啟示裡，而不在探索者的猜想裡。」但是從西元五〇〇年到一〇〇〇年的五個世紀裡，那些「探索」知識的科學家根本沒有立足之地，因為科學和醫學所有該知道的事情已經盡顯無疑。而且，全神貫注於逃離地獄、進入天堂才是頭等大事。作為一名「科學家」可能只需要學習一下亞里斯多德和蓋倫，甚至這也成了奢望，因為希臘文和拉丁文的古文獻幾乎無處可見。當然能讀懂的人更是寥寥無幾。

四五五年，日耳曼軍隊洗劫了羅馬，也讓羅馬改變了模樣。比如，羅馬男人用褲子換下了寬鬆的長袍（婦女們還要等很長時間）；種植大麥和黑麥等新的農作物；飲食用奶油代替橄欖油。在那段「黑暗」的五百年間，同樣湧動著技術革新：出現了播種和犁地的新方法；教堂的興建鼓勵了工匠和雕刻師們對風格的創新實驗，以及對石材、木材承重設計的改革。這意味著更雄偉壯觀的教堂誕生了，矗立至今的早期建築讓人歎為觀止。它們告訴我們，即使在被稱為「黑暗時代」的歲月裡，也不時有光亮閃爍。

不過，隨著基督紀年的第二個千年到來，人們重新走上探索之路。聖多瑪斯・阿奎納[7]是中世紀最偉大的神學家。他對亞里斯多德崇拜至極，所以把基督教的思想同亞里斯多德的科學和哲學結合起來。亞里斯多德、蓋倫、托勒密和歐幾里得主導了中世紀的思想潮流，他們的著作需要翻譯、編輯和批註。起初，這些工作多半都是在修道院裡完成的，後來逐漸轉移到當時新興的大學裡。

・科學家多出自醫生或教士

古希臘有學校：亞里斯多德在他的老師柏拉圖的學院裡學習，隨後建立了自己的學校。巴格達的「智慧之家」也是人們聚集研習之地。但歐洲新興的大學卻是另一番景象，而且那時興建的大學多數倖存至今。很多大學是教會修建的，也有一些社會名流和富人資助的城鎮學院。南義大利受羅馬教宗指示，設立了幾所大學。波隆納大學（University of Bologna，建於一一八〇年左右）打開了對外開放的第一扇門。從此之後，差不多在一百年的時間裡，大學在帕多瓦（Padua）、蒙彼利埃

7 聖多瑪斯・阿奎納（St Thomas Aquinas，約一二二五－一二七四），中世紀的哲學家和神學家，為多瑪斯哲學學派的創立者。他的學說是天主教長期以來研究哲學的重要根據。他所撰寫的最知名著作是《神學大全》（*Summa Theologiae*）。——編注

（Montpellier）、巴黎、科隆、牛津和劍橋遍地開花。「大學」的英文「university」來自拉丁文，是「全部」的意思，所以這些機構試圖開設覆蓋全人類知識的所有學科，通常設置四個學院：必不可少的是神學（阿奎納稱神學是「知識界的女王」）、法律、醫學和藝術。最初，醫學院幾乎完全信奉蓋倫和阿維森納的理論。因為那時普遍流行星象影響人生的說法，所以無論如何，醫學院的學生都要學習占星術。我們認為最正宗的科學——數學和天文——通常由藝術學院教授。亞里斯多德的鴻篇巨帙是所有學院的必讀之作。

中世紀很多「科學家」出自醫生或教士，他們大多數在大學裡占有一席之地。醫學系授予畢業生學位——醫學博士（MD）或醫學學士（MB），慢慢地把內科醫生和外科醫生、藥劑師以及其他醫藥行業的人區分開來。他們的大學教育並不注重培養醫生的研究創新能力（他們心甘情願地遵從蓋倫、阿維森納和希波克拉底）。大約從一三〇〇年開始，解剖課的教師開始解剖屍體，讓學生們觀察內臟器官。驗屍在得到特殊許可或者死亡原因有疑點的時候，也被認為是合法的。但是這些都沒有從本質上增強醫生治療疾病的能力，尤其是那些席捲一切的瘟疫。

我們現在稱作「黑死病」的疾病是一種瘟疫，一三四〇年代，這種疾病第一次在歐洲爆發。它可能從亞洲沿著貿易路線而來，在三年裡四處傳播，害死了近三分之一的歐洲人。它似乎肆虐成性，十年後又回來了，而且在隨後的四百年裡可怕地不斷侵襲人類。很多社區建立了收治瘟疫病人的特殊醫院（醫院和大學同樣都是中世紀的傑作），有些地方成立了衛生局。瘟疫期間，為了避免潛在的傳染性，「隔離期」應運而生。英文的「隔離期」（quarantine）一詞源自數字四十，是病人或處於觀察期的人被隔離的天數。如果在四十天內患者康復了，或者被隔離的人沒有出現病症，他們就被釋放出來。劇作家威廉·莎士比亞正是在瘟疫流行的一五六四年出生於英國亞芬河畔斯特拉福（Stratford-upon-Avon）。在莎士比亞的有生之年，瘟疫數次讓劇院關門歇業，他的事業頻頻受阻。他編寫的《羅密歐與朱麗葉》裡，莫枯修（Mercutio）說過：「詛咒你們兩家都感染瘟疫！」以此譴責交戰的雙方。他的觀眾一定對此感同身受。大多數醫生認為黑死病是一種新型病，至少蓋倫沒有提到過，所以他們沒有前車之鑑，只能輪番使用當時流行的治病手段：放血、藥物引吐或排汗等。原來蓋倫並不是全知全能。

·古人並非全知全能

亞里斯多德當然也不是大百科。他關於為什麼有東西可以在空氣中運動的「動力問題」，受到牛津大學的羅吉爾·培根（Roger Bacon，約一二一四－一二九四）及巴黎大學的讓·布里丹（Jean Buridan，約一二九五－約一三五八）等人廣泛討論，大家期待著一個統一的答案。讓我們以弓和箭為例說明一下：我們把弓弦向後拉直，然後迅速釋放，箭被射向空中。我們施加了外力，提供動量

（momentum，將在後文中詳細介紹）給它，培根和布里丹稱之為「動力」（impetus）。他們還意識到亞里斯多德沒有正確解釋弓弦復位以後箭還在繼續前進的現象。亞里斯多德說過，蘋果落地是回到了「自然的」棲息之地。他認為箭能飛是因為它的後面有一股力，但最終箭也會落在地上。那麼促使箭離開弦的那股力，為什麼會消耗完呢？

類似這樣的問題使一些人意識到亞里斯多德並非完美無缺。神職人員尼古拉・奧里斯姆（Nicolas Oresme，約一三二〇－一三八二）在巴黎、魯昂和法國的其他地方工作過。他再一次提出了對白天和黑夜的質疑。他推測，太陽不是忙忙碌碌地每二十四小時圍繞地球跑一圈，而是地球每天繞著自己的軸轉一圈。雖然奧里斯姆沒有挑戰亞里斯多德的地心說，但他認為太陽和其他行星繞地球一圈的速度非常緩慢（也許太陽要轉上一年！），同時，地球像個陀螺一樣在宇宙的中間旋轉。

這些觀點是嶄新的，可惜七百年前，人們並不習慣於支持新觀點。相反地，他們喜歡那些一目了然的完整體系。這就是為什麼那麼多學者寫了「百科全書」：收集、綜合亞里斯多德等古代智者著作的大部頭。「萬事俱備，各就其位」是那時的至理名言。然而在對號入座的過程中，有些人發現了需要破解的謎團。

· 9 ·

尋找魔法石

假設你有本事把可樂的鋁罐變成金子，你會這麼做嗎？你可能會試試；但是，如果人人都行，你也許就不會欣喜若狂了，因為黃金也成了尋常之物，不值錢了。有一個古希臘神話，講述邁達斯國王實現了點石成金的願望。不過，他實在不夠聰明，因為他的手指把麵包也變成了金子，於是他連早餐都沒得吃了。

邁達斯國王可不是唯一知道黃金與眾不同的人。黃金一直被視為珍寶，因為它有誘人的手感和顏色，加上它的稀有，只有國王和富人才能擁有。如果你發現了日常物品變成金子的方法，比如，原料是鐵或者鉛，或是白銀也行，那你就真的聲名遠揚、富甲一方了。

有一門早期的科學叫作「鍊金術」，目的之一就是以這種方式製造黃金。「鍊金術」的英語字「alchemy」中包含了一個「化學」的字首「al」[8]，事實上，它們是相關的。因為鍊金術和魔法、宗教的淵源根深柢固，如今我們不再將它歸入科學的範疇。但是，在過去，它完全是一項受人景仰的行業。艾薩克·牛頓（Isaac Newton）（第十六章）閒暇之餘也涉獵過鍊金術，他買了許多天平、奇形怪狀的玻璃容器和一些設備。換句話說，他建立了一間化學實驗室。

你應該進過實驗室，至少在圖片和電影裡見過吧。實驗室的英文「laboratory」字面意思，就是「勞動」（labour）或工作的地方。

8 英文字首「al」的拉丁文原意，同今日英文的「to」或「towards」，具有向前、變化、增加的含意。——編注

很久以前，鍊金術士就在實驗室裡工作。鍊金術歷史悠久，可以追溯到古代埃及、古代中國和波斯。

鍊金術士的目標不是簡單地把不值錢（「基礎」）的金屬鍊成黃金，他們想要運用這種能力改變自然、控制自然。他們通常使用魔法：唸咒語，或者確保嚴格按照正確的順序操作行事。術士們用各種物質實驗，他們把兩種物質混合或加熱，觀察變化。他們喜歡和反應強烈的物質打交道，比如磷、汞。儘管這樣做危機四伏，但是想到如果真的機緣巧合找到了「魔法石」的配方，他們便義無反顧。這塊「石頭」（準確地說應該是某種特殊化學產品）能將鉛、錫變成黃金，也能讓你長生不老，就像哈利．波特小說中描寫的魔法石一樣。哈利．波特生動有趣的冒險發生在想像世界裡，而在現實生活中，魔法師和鍊金術士們夢想的魔力不復存在。

儘管很多術士裝神弄鬼，假裝完成了不可實現的任務，其實他們的生命裡也沒有魔法。生活在不可預知的現實世界裡，那些誠實的鍊金人倒是在研究的過程中，發現了很多我們今日稱之為「化學」的事物。他們掌握了蒸餾法，例如，加熱混合物以後在不同的時段收集蒸餾產物，透過這種方法製作出高酒精含量的白蘭地和杜松子酒（琴酒），我們稱它們為「烈酒」（spirits）。這個英文字源於拉丁文「*spiritus*」，本意是「氣息」和「精靈」，我們也用它形容「神靈」和人類生機勃勃的「精氣神」。這也算鍊金術的部分貢獻吧。

‧物質世界由硫黃、水銀和鹽構成

在過去，大多數人相信魔法（現在仍然有人相信）。很多知名學者也曾經運用他們對自然奧妙的學識去尋找魔法的力量。

曾經有一個名人自認具備了改變整個科學和醫學實踐領域的能力。他的全名特別拗口：Theophrastus Philippus Aureolus Bombastus von Hohenheim。你先試著快速唸出他的名字，然後你就會理解他為什麼把名字簡化成我們現在所知道的帕拉塞爾蘇斯（Paracelsus）。

帕拉塞爾蘇斯（約一四九三－一五四一）出生在瑞士群山之中的小鎮艾因西德倫（Einsiedeln）。他的父親是一名醫生，傳授給他有關採礦、礦物、植物和醫學的自然知識。他雖然出身於羅馬天主教家庭，但馬丁．路德的宗教改革伴隨著他的成長，所以他除了天主教的朋友之外，還有許多朋友是新教徒和新教支持者，同時他也樹敵無數。他有虔誠的信仰，曾經跟隨好幾個知名的神職人員研修。不過，有關他的一切，包括他畢生的信念，都毫無例外地與化學有關。

帕拉塞爾蘇斯在義大利學醫，居無定所，不停地從一個地方搬到另一個地方。後來他遊歷了整個歐洲和北非，也許還去過英國。他既是普通醫生又是外科醫生，救治了很多達官顯貴，也算是功成名就。但他總是一副衣衫襤褸、一貧如洗的邋遢樣。他不與社會名流為伴，卻喜歡和普通人在酒館裡喝酒。敵視他的人說他嗜酒成性。

帕拉塞爾蘇斯唯一的正式工作來自他祖國瑞士的巴塞爾大學。那裡所有的教授都用拉丁文授課，他卻堅持講德語。他做了很多首開先河的事，其中一件就是在市場上焚燒蓋倫的書籍。他根本不需要蓋倫、希波克拉底或亞里斯多德。他只想一切從頭開始。他堅信自己的宇宙觀才是史無前例的正確觀點。

焚書之後，他不得不背井離鄉，這裡流浪幾個月，那裡住上一、兩年，隨遇而安。他隨身帶著手稿、化學設備和其他幾件零零碎碎的東西。他步行或騎馬，有時也搭貨車，沿著泥濘的小路緩慢行進，顛沛流離。面對命運的坎坷，他卻奇蹟般地讓自己事事有成。在給很多人看病的同時，他也寫了很多本書；他關注著周圍的世界，而且一直沒有放棄化學實驗。

化學點燃了他的熱情。他說過，自己不需要先人遺作的引導，後來果然言而有信。他對氣、土、火、水四元素不理不睬，取而代之地提出三個基本「要素」——鹽、硫黃和汞，認為它們是所有東西被分解後的終極產物。鹽塑造出物體的形狀或堅固性；硫黃是物體燃燒的根源；汞讓固體冒煙或呈現液體狀態。

帕拉塞爾蘇斯用這三個要素詮釋了他在實驗室的實驗。他熱衷於酸如何分解物體和酒精的凝固；他一絲不苟地檢查燃燒後的殘渣；他想收集蒸餾產物，可惜它們都隨風而逝了。簡而言之，他在實驗室裡花費了大量的時間試圖掌控自然。

・把醫學和鍊金術結合成今日的醫療化學

帕拉塞爾蘇斯執著地認為，他可以透過自己的化學實驗瞭解世界的運轉，而且他的化學製劑將是對抗疾病的新手段。在他之前，幾乎全部醫學用藥都來自植物，儘管帕拉塞爾蘇斯也採用草藥治病，但他更傾向於給患者使用他在實驗室裡研製出的新藥。他尤其偏愛有劇毒的汞。他相信這是治療歐洲某種流行性皮膚病最有效的藥膏。這種病就是梅毒，通常經由性接觸傳播，患者皮膚上遍布可怕的疹子，鼻子破損，九死一生。一四九〇年代，差不多在帕拉塞爾蘇斯剛出生的時候，梅毒席捲義大利，奪走了無數人的生命。到他成為醫生的時候，梅毒仍然盛行，幾乎所有醫生都收治過這樣的病人（不少醫生自己也深受其害）。帕拉塞爾蘇斯撰文描述了這種新型疾病的諸多症狀，並且建議使用汞療法。汞會導致病人掉牙、口臭，但因為去疹效果顯著，所以多年以來醫生沿用此法治療梅毒和其他出疹子的病症。

帕拉塞爾蘇斯記錄了很多其他疾病。比如，他介紹了礦井工人的傷病，特別是長期在惡劣條件下工作引發的肺病。他對底層礦工的關注佐證了他和普通人朝夕相處的生活。

在希波克拉底、蓋倫，以及其他早於帕拉塞爾蘇斯的醫生看來，疾病是體內失調的結果。但對帕拉塞爾蘇斯而言，疾病是身體之外的力所為。這個「力」（他稱作 *ens*，拉丁文，意思是「東西」或「物質」）襲擊了身體，導致我們生病，它富於變化，醫生利用這些特徵作為識別疾病的線索。

「力」可能是丘疹、膿瘡，也可能是腎裡的一塊石頭。帕拉塞爾蘇斯取得的重大突破在於把疾病和患者分開。過了很久，細菌被發現，這種思維方式才自成體系。

帕拉塞爾蘇斯希望以他提供的基礎理論開啟科學和醫學的新篇章。他一遍遍地重申人不僅需要讀書，還需要親自驗證。當然了，他鼓勵人們讀他的書，他的原話是「別費力氣讀蓋倫了，看看帕拉塞爾蘇斯吧」，不過他沒來得及活著見證自己每一本書的出版。他的世界充滿了魔幻的力量，他自信地認為在自己的科學和醫學領域裡能夠瞭解它們、利用它們。他的鍊金夢不僅僅是找到使金屬變成黃金的方法，更是尋找**一切**主宰自然的神祕之力。

他的崇拜者多數出現在他死後，他們自稱是「帕拉塞爾蘇斯迷」，而且力圖效仿帕拉塞爾蘇斯，改變醫學和科學的發展方向，努力運用自然的魔力控制自然的力量。他們遵循帕拉塞爾蘇斯的倡導，在實驗室裡做實驗，在治療中使用化學療法。

帕拉塞爾蘇斯的追隨者一直是非主流群體。多數醫生和科學家不願意徹底摒棄古代聖賢留下的體系。儘管如此，帕拉塞爾蘇斯的話還是產生越來越多迴響，人們開始自己獨立觀察世界。他去世後二年，也就是一五四三年，他挑戰古人權威、有關解剖學和天文學的兩本書出版了。人們開始重新認識宇宙。

· 10 ·

人體揭祕

如果你想從裡到外瞭解一樣東西的構造，有一個屢試不爽的好方法，那就是拆，拆成一塊一塊的。拆解對於瞭解很多事物大有益處，比如鐘錶和汽車，當然你還要知道怎麼把它們組裝回去。如果你想瞭解人類或動物的身體，也是用同樣的方法，但必須要等他們成為屍體才行。

我們知道蓋倫解剖過（或者說拆解了）很多動物，因為他沒有權利解剖人體。他推測解剖豬、猴子和解剖人是異曲同工。從某種意義上來講，他是正確的，但是這之間還是有諸多不同。一三〇〇年左右，醫學院初設解剖課，偶爾進行人體解剖。最開始，他們注意到親眼所見和蓋倫說的不一樣的時候，以為是人類身體發生了變化，絕對不會是蓋倫的錯！但是隨著更加深入觀察，解剖學家發現越來越多的細微差別。顯而易見，人體還有更多祕密等待揭曉。

這個揭祕的人就是安德雷亞斯．維薩里（Andreas Vesalius，一五一四－一五六四，全名是Andreas Wytinck van Wesel）。他是家喻戶曉的解剖專家和外科醫生，出生於現在的比利時首都布魯塞爾，父親是神聖羅馬帝國皇帝查理五世的醫師。維薩里天資聰穎，被送進魯汶大學（University of Louvain）學習藝術，但是自己改修醫學。他帶著明確的志向前往名師匯聚的巴黎學習了三年，那裡所有的人都尊蓋倫為師。求學期間，他展示了他的希臘文和拉丁文基本功以及對解剖的痴迷，給人留下了深刻印象。一五三七年，德法之戰使他不得不離開巴黎，準備考義大利帕多瓦大學（University of Padua），這是當時世界上最棒的醫學院。在離開之前，他為魯汶大學醫學院重新引入人體解剖課。維薩里奪得帕多瓦大學入學考試的最高分，第二天就被任命為外科和解剖學的講師。這是一項明智之舉：維薩里親自示範教授解剖學，深受學生喜愛。第二年，他出版了一系列精彩的人體結構圖。全歐洲的醫生如獲至寶，紛紛複製他的作品據為己用。他們的剽竊行為令維薩里氣憤不已。

屍體解剖真不是什麼賞心悅目的事。要知道在維薩里的時代還沒有防腐技術，屍體腐爛得很快，臭氣熏天，所以解剖必須分秒必爭，在被薰暈之前的兩、三天內按順序操作。首先是腹部，因為腸子最先腐爛；然後是頭部、大腦、心、肺和胸腔的其他器官；最後是最易保存的四肢。因此解剖課通常在冬天進行，寒冷的天氣便於屍體存放，可以留給醫生相對充裕的時間。

十八世紀發明的屍體防腐法延長了解剖時間，方便對屍體的整體觀察。我念醫學院的時候，曾經花了八個月的時間解剖一具屍體。那些日子，我的衣服和手指甲縫裡飄出來的不是屍體腐爛的味道，而是化學防腐劑的氣味。我的解剖對象是一位老人，經過那幾個月，我對他瞭如指掌。我們解剖的順序和維薩里時代相差無幾，只不過我們把大腦留到最後才動手，因為它實在太複雜了，我們要竭盡所能地謹慎。那位為醫學捐軀的老人使我受益匪淺。

・第一本圖文並茂的科學經典之作

即使要忍受刺鼻的味道火速完工，解剖仍然是維薩里一生的摯愛。他到底仔細地解剖了多少屍體，我們不得而知，但肯定非常多，因為在當時，他對人體的瞭解程度無人能及。維薩里在帕多瓦任教五年半，一五四三年是他成績斐然的一年，就在那一年，他的著作問世了。那真是一本鉅著，有四十公分厚，差不多兩公斤重，誰也別想信手插進口袋裡隨身閱讀。它就是《論人體結構》（*De Humani Coporis Fabrica*，也被簡稱為 *De Fabrica*）。維薩里特別去瑞士的巴塞爾監督內文印刷和插圖繪製，用精美複雜的配圖打造出一本令人驚豔的科學著作。

現在，我們生活在鋪天蓋地的圖片裡。數位相機讓我們可以輕鬆地傳送照片給朋友，報刊雜誌裡的圖片滿目皆是。然而，維薩里的年代和我們相比有著天壤之別。那時印刷術剛剛起步不足百年，圖片都是靠臨摹手繪圖一筆一畫刻在木板上，類似一塊橡膠印章，然後再蘸上墨水印在紙上。

維薩里書中的圖讓人眼界大開，之前從沒有這麼精確的人體細節呈現。只看看書名頁就知道有些奇妙的事情要上演了：上百人蜂擁在一個被公開解剖的女人周圍，維薩里挨著女屍站在中間，他是唯一一個注視著讀者的人；觀眾或是全神貫注於解剖，或在交頭接耳。圖的左邊是一隻猴子，右邊有一隻狗，象徵著蓋倫的解剖研究只能局限在動物身上。在書中，維薩里結合人體和自己的解剖經驗探討了人體解剖學。對於一個不滿三十歲的年輕人來說，這是驚天動地的偉業。

維薩里胸有成竹。他知道自己比任何人都更深入地瞭解了人體內部。書中精美絕倫的圖片穿插著人體肌肉的展示：從正面到背面，從表層到底層，一覽無遺。這些「肌肉男」在田野、建築物、森林、岩石、群山等各種地方擺出姿勢。維薩里常用的屍體來自罪犯。曾經有一個被吊死的犯人，身體已經被鳥啄空了，只剩骨架，維薩里就把他的骨頭一塊塊地偷偷運回家裡獨自研究。

維薩里與一個技藝高超的藝術家合作，但是我們不知道他的名字。在我們稱為「文藝復興」的那段時期，科學和藝術密不可分。很多文藝復興時期的藝術家，如李奧納多·達文西（Leonardo Da Vinci，一四五二－一五一九）、米開朗基羅等，都為了提高繪畫技巧而解剖過屍體。醫生不是唯一想瞭解人體結構的人。

・對人體觀察入微，糾正了蓋倫的錯誤

維薩里對人體結構（解剖學）如醉如痴，但是屍體不能反映出身體的功能（生理機能），它們不能像活體那樣呼吸、消化和運動。維薩里的著作中有很長篇幅混合了新舊兩種觀點。他頻繁地糾正蓋倫對器官和肌肉的錯誤描述。例如，蓋倫提到肝有五個不同的「葉」，或者說「部分」，他並沒有明確表達自己說的是豬的肝臟，因為人的肝葉應該是四片。再比如，人的手和腳上的肌肉數量就和我們的近親猴子、猩猩的不一樣。蓋倫認為血液從心臟的右邊流向左邊；在心臟的兩個大腔（心室）中間有若干小洞，血液源源不斷地從中滲透過去，而維薩里解剖了很多人的心臟卻找不到那些小洞。這一番理解非常重要。幾十年後，威廉·哈維潛心研究心臟和血液功能，對此茅塞頓開。可

是維薩里沿用了蓋倫很多活體機能的理論，也許這就是為什麼他的插圖比文字更有價值的原因吧。這些圖片在整個歐洲迅速傳播，維薩里也開始聲名遠播（即便如此，他也沒賺到什麼錢）。

這是維薩里事業的顛峰時刻。首版發行以後，他成為御醫，專心照顧權貴。在隨後的二十年裡，他只對第一版做了一些修訂再版。或許，他覺得自己已經知無不言了。

他的研究與著作足以讓他千古留名。《論人體結構》永遠是一本不朽的經典：它是藝術、解剖學和印刷術的完美結合，令現代人也讚歎不已。維薩里在書中留給我們兩個永恆的禮物。第一個禮物是他對人體結構進行了觀察入微的描述，他鼓勵其他醫生仿效。後來的解剖學家由此發現了維薩里的疏漏之處，並且修正了他的錯誤。他用藝術的手法呈現細緻的解剖，開創了人體繪圖本的先河。維薩里的書是第一本圖比文更重要的書，但絕不是最後一本。醫生必須學會看懂眼前之物，圖片正好助他們一臂之力。

第二個禮物，則是他對蓋倫的挑戰。他沒有像帕拉塞爾蘇斯那樣咄咄逼人，而是心平氣和地證明蓋倫是可以被超越的，知識是青出於藍而勝於藍的。他提出了一個簡單的問題，激起了世紀之爭：我們能比先賢知道得更多嗎？在維薩里之前的千年歷史裡，答案一直是「不能」。維薩里之後，答案慢慢發生變化。人們開始思考：「如果一切應該知道的都已經被發現，那麼還有什麼可困惑的呢？但是，如果身體力行地找一找，也許就能看見別人未曾看到的東西。」維薩里點醒了醫生和科學家，他們開始學會了質疑。

· 11 ·

宇宙的中心在哪裡？

太陽東升西落，晨起暮降。我們看見它在空中一點點地移動，我們的影子也隨著它忽長忽短，一會兒在前，一會兒在後。請在正午的時候做個實驗，看看你的影子是不是縮進腳下了？就算你今天錯過了，明天還可以再試，反正天天如此，沒有什麼比這個更顯而易見的。

太陽當然不是每天繞著地球轉。你能想像說服人們相信這一點有多難嗎？這麼說吧：因為我們在地球上仰望日月星辰，所以地球是我們的宇宙中心。但它只是「我們」的中心，而不是「宇宙」的中心。

古代天文學家毫無例外地把地球放在正中心。還記得亞里斯多德嗎？他之後最有影響力的古希臘天文學者托勒密，詳細標記了群星的位置，將它們日復一日、年復一年地記錄了下來。在晴朗的夜晚仰望星空是件奇妙的事，區分不同的星群（或「星座」）亦是樂趣無窮。在萬里無雲的夜空中，很容易認出北斗七星和獵戶座的腰帶。順著北斗七星，你會找到在夜裡為海員引航的北極星。

若是以地球位於宇宙中心為前提，天體圍繞地球作圓周運動的模式便引發諸多疑惑。以恆星為例，它們隨著黑夜緩慢地移動。春分是太陽正好在赤道上空、日夜平分的日子，出現在每年的三月二十日或二十一日，現在法定二十一日為春天的起始。包括天文學家在內的所有人一直都很看重這一天。那麼問題來了：在每年春天的第一天，恆星的位置都有一點點變化。如果它們以正圓繞著地球轉圈，便不應該出現這樣的偏移。天文學家把這種現象叫作「歲差」，他們必須經過複雜的運算才能解釋其中的原因。

行星的運動也讓人百思不得其解。在夜空中，肉眼直接看到的行星就是一顆顆明亮的星星。古代天文學家認為有七大行星：水星、金星、火星、木星、土星，加上太陽和月亮，後兩者在古代也被稱為行星。七大行星顯然比他們稱為「固定恆星」的天體更靠近地球，而「固定恆星」就是我們所說的銀河。觀測行星牽扯出比恆星更多的問題，因為它們移動的樣子不像圍著地球轉。至少，它們看起來不是在持續運動，有時候似乎還倒退。為了解釋這個問題，天文學家提出行星在不停地繞地球旋轉，但旋轉所圍繞的點並非位在地球的中心。他們把這個點叫作「偏心勻速點」。天文學家藉助這個觀點和其他一些推算，在沒有完全摒棄原有模式的前提下，解釋了他們的夜空所見。這意味著他們仍然承認地心說。

・挑戰聖經說法的日心說

如果不把地球放在中心而是換上太陽，假設行星（現在也包括地球在內）都繞著太陽轉又會怎樣呢？這是戲劇性的一問。由於我們對「太陽位於宇宙中心」的看法太習以為常了，所以很難意識到它劃時代的意義。它是對我們日常所見的挑戰，是對亞里斯多德學說的挑戰，更重要的是對教會的挑戰，因為《聖經》裡說，約書亞曾請求耶和華命令移動的太陽停住不動，繼續照耀。但是，一位波蘭教士哥白尼勇敢地提出，太陽才是宇宙的中心。

尼古拉．哥白尼（Nicolaus Copernicus，一四七三－一五四三）生於波蘭，歿於波蘭，但他在義大利學習了法律和醫學。他在十歲時失去父親，是舅舅把這個聰明的小男孩送進波蘭的克拉科夫大學。後來，舅舅成為波蘭弗勞恩堡的主教，又提供給他一份在教堂的工作，他由此獲得穩定的收入，得以在義大利求學，而且能在返鄉之後延續自己的夢想：研究天體。他搭建了一座露天塔，在那裡放置自己的天文設備，當時還沒有望遠鏡，所以他只能利用那些簡單的儀器測量不同的天體與地平線的夾角、進行月相觀察。日食和月食也是哥白尼的興趣所在。發生日食或月食的時候，我們只能看到太陽或月亮的一部分，或者完全看不到它們。

我們不知道哥白尼到底從什麼時候開始認定自己提出的天體和太陽系模型（就和我們現在的說法一樣）比幾千年來盛行的理論更有說服力。不過，他曾在一五一四年寫了一篇相關的短文，並且給幾個信得過的朋友看過。當時他還不敢聲張。他在文中清清楚楚地寫道：「地球的中心並不是宇宙的中心……我們和其他行星一樣圍繞太陽轉動。」哥白尼明確表述了這些論點，在隨後的三十多年繼續潛心研究宇宙中心是太陽而不是地球的理論。他一邊持之以恆地自己觀察，一邊殫精竭慮地研究其他天文學家的發現，思考著如何利用日心說和行星繞太陽轉的理論來解決他們的難題。事實上，很多困惑面對日心說迎刃而解：比如日食和月食，比如行星奇怪的前後運動。太陽給了我們溫暖和光明，在人類生活中無可替代，把它放在中心的位置，正好提醒我們：沒有它就沒有地球上的一切。

哥白尼學說產生的另一個顯著影響是：恆星離地球的距離比亞里斯多德等早期哲人推斷的要遠很多。亞里斯多德認為時間是無限的，空間是固定的。教會宣揚時間是固定的（凝固在幾千年前上帝造物的時候），空間也是固定的，也許上帝是唯一的例外。哥白尼接受教會關於時間和創世的說法，但是觀測結果卻告訴他，地球比其他恆星更靠近太陽。他計算出太陽和行星以及月亮和地球間的大概距離。無垠的宇宙大大超乎人們的預想。

哥白尼知道自己的研究將震驚世人，也明白歲月不饒人，終於下定決心公開自己的理論。一五四二年，哥白尼完成大作《天體運行論》（*De Revolutionibus Orbium Coelestium*）。但是那時他已經年邁多病，只好委託友人教士雷蒂庫斯（Rheticus）代為出版。雷蒂庫斯早前就知曉他的理論，但在著手準備的時候被調任到德國一所大學，不得已又轉手給另一個教士，安德列亞斯．奧西安德（Andreas Osiander）。奧西安德認為哥白尼的理論過於危險，於是他在一五四三年出版前給這本巨著加了前言。他寫道，哥白尼的學說雖不可信，但不妨作為一種解決地心說無法自圓其說的補救方法。他發表自己的言論無可厚非，但是他做了一件齷齪的事：他把前言偽造成了哥白尼的自序。因為沒有署名，讀者便猜測這就是哥白尼想要表達的觀點。那時的哥白尼已經病入膏肓，無力糾正這些誤導了。結果在一百多年中，這本傑作的讀者都以為哥白尼只是在變花樣解釋每天夜空上演的那一幕，而不是在講地球圍繞太陽轉動。

・天文學的新思路與克普勒定律

很多人讀了哥白尼的書，但是前言不費吹灰之力地讓讀者忽視了書中石破天驚的訊息。儘管如此，書中的見解和計算在他死後數十年還在影響著天文界。其中有兩位天文學家尤為突出，他們沉浸在這本書中難以自拔。一個是第谷・布拉赫（Tycho Brahe，一五四六－一六〇一），他受到哥白尼的啟發，堅信宇宙寬廣浩瀚，群星遙不可及。他在一五六〇年觀測到一次日食，這點燃了他的激情。第谷出身自丹麥貴族家庭，他的家族希望他學習法律，但他唯一的興趣是研究天文學。一五七二年，他在夜空中觀測到一顆耀眼的新星。從這顆新星入手，他撰文表達了天體不是如人所願一成不變的觀點。他在丹麥的小島上精心建立了一個觀測站，配備了最先進的設備。（可惜啊，當時望遠鏡還沒有問世。）一五七七年，他追蹤到一顆彗星的軌跡。那時，彗星被視為不祥的徵兆，但在第谷眼裡，彗星的穿行軌跡證明了天體並非只是在各自的空間裡靜止不動。

第谷也發現了很多重要的天體運動和天體位置。出於某些原因，他被迫關閉了自己的觀測站前往布拉格，一五九七年在那裡建立了新的天文臺。三年後，他挑選了約翰尼斯・克普勒（Johannes Kepler，一五七一－一六三〇）作為自己的助手。儘管第谷自始至終沒有接受哥白尼的日心說，儘管克普勒持有不同的宇宙觀，第谷還是在一六〇一年去世的時候，把自己全部的筆記和手稿留給了克普勒。克普勒不負囑託，整編出版了第谷的部分作品，同時也開闢了天文學的新思路。

克普勒一生多災多難。他妻喪女亡，母親因為巫師罪入獄，自己在宗教改革運動前期是激進的新教徒，在當權者主要為天主教徒的情況下如履薄冰。雖然他認為蒼天有序印證了他讚賞的「上帝造物」的神祕理論，但是他對天文學的永久貢獻卻是客觀精準的。儘管他的文字總是晦澀難懂，但「克普勒三大定律」廣為人知，意義深遠。

克普勒得力於第谷留下的有關火星運動的詳細紀錄，發現了「三大定律」中密切相關的前兩條。他經過長時間的研究，意識到行星不是等速運動的。當它們靠近太陽時速度快，遠離太陽時則速度慢。他發現如果從太陽（位於宇宙中心）畫一條直線連到行星，會得出行星持續運動掃過的面積，但是行星的運動速度在變。這就是第二定律，由此推導出第一定律：行星的運動軌道不是標準的正圓形，而是扁扁的橢圓形。克普勒雖然不知道重力，但他知道有一種力影響了行星的運動。而且他意識到，當行星圍繞太陽轉動時，某種位於中心位置的物質決定了橢圓形的運行軌道。這兩條定律打破了天體沿正圓形軌道移動的古代學說。

他的第三定律更有實踐意義：行星繞太陽一周的時間與到太陽的平均距離有關。這樣天文學家就可以計算出行星和太陽的距離，體會一下我們的太陽系有多麼浩瀚無邊，但比起無垠的恆星又是多麼微不足道。可喜可賀的是，幾乎在同一時間，一種幫助我們望向天穹的科學儀器誕生了：望遠鏡。那個讓望遠鏡發揮無限能量的人，就是那位最為聲名遠播的天文學家：伽利略．伽利萊（Galileo Galilei）。

· 12 ·

斜塔和望遠鏡：伽利略

義大利比薩有一座有著八百五十年歷史的教堂鐘樓，它肯定是全世界最奇特的建築之一。你可能知道，它就是比薩斜塔。你可以站在塔前，拍一些假裝托住塔身防止它倒地的照片發給朋友，挺好玩的。

你可能還知道很多關於伽利略在這個塔上做實驗的傳說——從塔頂扔下兩個不同重量的球，看哪一個先落地。事實上，他選擇的實驗地點不在這裡，而是透過其他實驗得出了結論：四．五公斤重的球和〇．四五公斤重的球同時落地。這個實驗和太陽不繞地球轉動有異曲同工之妙，它們顛覆了我們的日常感受。畢竟，一根羽毛和一顆球不會以同樣的速度從塔上掉落。可為什麼不同重量的球卻一起落地呢？

伽利略．伽利萊（Galileo Galilei，一五六四－一六四二，伽利萊是他的姓，但我們對這個大英雄一直是久仰其「名」）出生於比薩，父親是音樂家。他的少年時代在佛羅倫斯附近度過，成年後進入比薩大學學習醫學。由於對數學的痴迷，他放棄了學業，但留下了智慧超人、才思敏捷的好名聲。

一五九二年，他前往帕多瓦教授當時叫作數學、現在被稱為物理的學科。那個時候，威廉．哈維是該校的學生（我們很快就會介紹到他），但他們兩個從未謀面，這是歷史的遺憾。

伽利略的一生是爭論如影隨形的一生。他的理論總是挑戰約定俗成的觀點，尤其針對亞里斯多德等古代聖賢關於物理學和天文學的說法。他是虔誠的天主教徒，但是他深信宗教統治道德和信仰，科學掌管可見的物質世界。正如他所說，《聖經》告訴我們如何抵達天堂，但沒有告訴我們天體是怎麼運行的。天主教會不遺餘力地打擊一切質疑其教義和權威的人，也開始監控出版數量日增的書籍，開出了他們所謂的「禁書單」。伽利略雖然有很多位高權重的朋友（包括貴族、主教、紅衣主教，甚至教宗），也得到很多神職人員的支持，但是仍有許多人冥頑不化，禁止他否定有幾百年根基的舊學說。

伽利略早期曾經研究動力學。最開始的時候，他只是出於個人愛好進行觀察和測量，可能的話再以數學的方式表述自己的結論。他最著名的實驗之一是：在斜坡上放一個球讓它滾下來，測量它到達不同點所用的時間。可想而知，球下坡的速度越來越快（我們稱之為加速運動）。伽利略洞悉了球速和時間的特別關係：距離和所費時間的平方有關。他發現，經過兩秒鐘的時間，球速提高了四倍。（時間的平方在後來的科學研究中也會用到。提醒你一定要留意，自然界似乎總是喜歡「平方」後的事物。）

在所有這些和其他不勝枚舉的實驗之中，實際測量數據一變再變，而伽利略都接受了，展現出偉大的現代科學家的素養。影響測量結果的諸多因素包括：在錯誤的時間眨了一下眼，轉身做記錄耽誤了時間，或者是設備不夠精準。不過，這就是我們對真實世界所能做出的各種觀察，而伽利略最大的興趣在可知的世界，而不是那個萬物唯美、貼切的抽象世界。

・用科學儀器扭轉古老思維

伽利略早期對運動物體的研究，呈現了一個和亞里斯多德等成百上千哲學家迥然不同的世界。儘管大學受神權統治，但亞里斯多德的地位仍牢不可破。一六〇九年，伽利略得知有一種新儀器可以更有說服力地扭轉古老的思維方式。很快它被命名為「望遠鏡」，意思是「看見遠處」，就像「電話」代表「在遠處講」，「顯微鏡」是「看見微小的東西」一樣。無論是望遠鏡還是顯微鏡，它們在科學史上都舉足輕重。

伽利略自己製造的第一架望遠鏡的放大效果並不明顯，但他還是驚喜萬分。不久，他把兩個透鏡併起來改進後，變得和我們現在的普通雙筒望遠鏡一樣，放大了差不多十五倍。這聽起來微不足道，卻引領了新的趨勢。用它，可以比肉眼更早捕獲到歸航的船隻。更重要的是，伽利略把他的望遠鏡對準了天空，在那裡，他有了驚人的發現。

他瞄準了月亮，發現它並不像人們想像的那樣圓潤光滑，上面有著群山和坑洞。他對準行星，更近距離地觀察它們的運動，找到了木星的「衛星」，就像地球有自己的衛星──月球──一樣。他看到土星有兩個和衛星不一樣的大斑點，我們現在稱之為「光環」。他用望遠鏡拉近了水星和金星，證明它們有規律可循地改變著運動方向和速度。他宣稱太陽上有暗區或者是黑點，它們每天規律性地移動少許距離。（他知道為了保護眼睛不能直視太陽，這點你也必須牢記。）他的望遠鏡揭開了銀河的面紗，肉眼在晴朗夜空中看到的朦朧閃爍壯觀景象，實際上是由千千萬萬顆、離地球非常遙遠的恆星組成的。

伽利略用望遠鏡進行了很多有意義的觀察。他把這些寫進了《星際信使》（*Starry Messenger*，一六一〇），一書激起千層浪。他揭示的每一個發現都在質疑人們對天體的看法。有人覺得伽利略的理論來自他玩「管子」——那時望遠鏡的名字——的小把戲，因為肉眼看不到的東西也許根本不存在。因此伽利略必須想方設法讓人們相信他用望遠鏡看到的是事實。

伽利略的結論恰好為哥白尼提出的月亮繞地球轉，地球、月球和其他行星都沿軌道圍繞太陽轉提供了證據，這更讓世人不知所措，也使自己身陷險境。

當時，哥白尼的書已經盛行了快七十年，不論是新教徒還是天主教徒，其中都有很多他的追隨者。天主教會明確指出哥白尼學說有助於研究行星運動，但並不是真理。如果哥白尼是正確的，那麼《聖經》的內容就有麻煩了，必須慎思。

但是伽利略執意要將他的天文發現公諸於眾。一六一五年，他到羅馬申請教會的許可，希望能夠傳播自己的研究成果。儘管他贏得了包括教宗在內很多人的同情，但最終還是被禁止撰寫和傳授哥白尼宇宙體系。然而他並沒有徹底放棄，在一六二四年和一六三〇年，年老體衰的伽利略重返羅馬試探風向。他逐漸醒悟到，只有謹慎而為，將哥白尼學說當成天文研究的一種可能來介紹給大眾，才能保全自己。他以三人對話的形式寫了一本天文書籍《關於兩種世界體系的對話》（*Dialogue on the Two Chief World Systems*）：其中一個代表亞里斯多德，另一個是哥白尼，還有一個主持人。伽利略以這種方式來對新舊宇宙觀進行辯論，用中立的態度迴避了對錯的選擇。

‧為了科學地解釋世界而戰

這是一本妙趣橫生的書，秉承了伽利略一貫的文風。他使用了自己的母語——義大利文。（當時全歐洲的學者仍用拉丁文著書。）伽利略在開篇就表明自己的立場。他給亞里斯多德的替身命名為「辛普利邱」（Simplicio），這是一個評論過亞里斯多德的古人的英文名，而且那個角色不是很聰明。書中的哥白尼角色（叫作「薩爾維阿蒂」（Salviati），暗喻「智慧」和「安全」）則濃墨重筆，能言善辯。

伽利略大費周折地為此書爭取教會的官方認可。羅馬管理出版的審查官雖然體諒伽利略，但是出於各種考慮沒有立即回覆。於是伽利略鍥而不捨地轉戰佛羅倫斯印書。羅馬教會高層拿到書後如鯁在喉，傳喚古稀老人到羅馬受審。更有人翻出了早期阻止他教授哥白尼體系的禁令。一六三三年，持續了三個月的「審訊」之後，伽利略被迫承認他的書是虛榮的錯誤產物。他在懺悔書中寫道，地球是靜止的，是宇宙的中心。有一個傳言說伽利略在被宣判有罪之後，他咕噥道：「它當然在運行。」

無論他是否大聲說出了這句話，他一定堅信著，教會永遠不可能強迫他改變他對世界真相的信仰。

教會運用權力把伽利略關進監獄，甚至施加酷刑，但是陪審團意識到伽利略是個了不起的人，所以判處他軟禁，免除他的牢獄之苦。第一次他被不嚴格地「軟禁」在西恩納（Siena），自由自在出席各種晚宴活動，結果教會強硬地把他趕出佛羅倫斯，遣返回鄉，同時密切監視他的訪客。沒過多久，伽利略一個當修女的女兒去世了，從此他變得孤苦伶仃。但他繼續與研究為伴，重新將注意力轉到落體運動和動力這類日常生活中常見的問題上。他一六三八年的著作《兩門新科學》（*Two New Sciences*）是現代物理學的基礎之一。他在書中回顧了自由落體的加速運動，預見了後來經艾薩克．牛頓證實的重力，並用數學方式表明加速度是可以測量的。他開闢了分析空中物體飛行路徑的新思路，比如預測炮彈的彈著點。這些有關「力」的概念——影響物體按照某種特定方式運動的規律——都屬於物理學的研究範疇。

如果你曾聽過「無因的反抗」，那麼伽利略的反抗就是事出有因。他為了運用知識科學地解釋世界而戰。隨著科學的發展，他的一些錯誤或片面的創新理論逐步被摒棄。但科學就是這樣，沒有哪個領域可以一書在手就通曉全部。伽利略和現代的科學家一樣，對此了然於心。

· 13 ·

循環、循環：哈維

「週期」（cycle）和「循環」（circulation）的英文都源自拉丁文的「圓」。「繞圈」或者「循環」意思是無意識地回到起點的持續運動。自然界裡沒有那麼多完美的圓圈，卻有大量的循環。地球圍繞太陽轉；水透過蒸發和降雨實現循環；成群的鳥類經過長距離的遷徙再回到同一個地區交配繁殖，年復一年，周而復始。事實上，整個生、長、死的自然進程，代代相傳就是一種循環。

我們的身體裡也有很多循環，或者說是週期，心臟和血液參與了最重要的循環之一。我們身體裡的每一滴血每小時在體內大約轉五十圈。只能是「大約」，因為這取決於我們在做什麼。比如，奔跑時心跳加快，循環時間就縮短了；睡眠時心跳減慢，血液流回心臟的時間會延長。我們現在可以在學校裡學到這些知識，然而以前可沒有這麼簡單。發現血液循環的人是英國醫生威廉·哈維（William Harvey，一五七八－一六五七）。

哈維的父親原是農夫，後來因經商而家境殷實。他的六個兄弟中有五個子承父業，但哈維選擇了從醫。一六〇〇年，他從劍橋大學醫學系畢業後前往帕多瓦大學。幾年前，維薩里曾在那裡工作過，而當時伽利略正在那裡研究天文學和物理學。

法布里修斯（Fabrizi of Acquapendente，一五三七－一六一九）是哈維在帕多瓦大學的醫學教師之一。他一貫秉持亞里斯多德的研究傳統，這深深影響了哈維。師生兩人從亞里斯多德身上吸取了兩則寶貴的經驗。第一則是：包括人類在內的生命體，內部器官的形態、結構都是由它們的功能決定的。例如，我們能跑，能夠拿起東西，是因為骨肉相連。除非是什麼地方出了毛病，否則我們永遠意識不到它似乎只為這個作用而生。亞里斯多德認為，動植物體內的每一樣東西都有特殊的意義或功用，創世者不會隨心所欲地放些沒用的東西在裡面。眼睛的構造使我們能看見，胃、肝、肺和心臟等身體的其他部位都是一樣的道理。各個器官使命不同，所以其結構各異。這種分析人體機能的方式被稱為「生機解剖」（living anatomy），它對找出人體運行的「邏輯」關係非常重要。醫生們清楚，骨骼堅硬難摧，是為了在我們行走或跑動的時候支撐身體；肌肉柔軟有彈性，因為它要透過收縮、伸展來幫助我們運動。不過用同樣的邏輯解釋心臟、心臟和血液以及心臟和血管的關係，就不那麼容易了。或許，我們可以這樣說，心臟符合我們設想的身體機能，那是因為哈維就是這樣教導我們的。

第二，亞里斯多德敲碎蛋殼看到的第一個生命體徵是微弱的心跳，所以他堅信心臟和血液是我們生命的核心力量。哈維對此觀點深信不疑，所以心臟和血液循環成為他醫學事業的焦點。

哈維的導師法布里修斯發現，很多較大的靜脈裡有瓣膜。這些固定的瓣膜保證血流只能朝心臟單向運動。他認為這樣可以防止腿部充血，預防血液從大腦奔湧直下。哈維從中大受啟發，他完成帕多瓦的學業重返英國之後，淋漓盡致地實踐了這些理論。

哈維的事業蒸蒸日上。他到倫敦實習，在聖巴托羅繆醫院（St Bartholomew's Hospital）獲得一份工作，很快便應邀對外科醫生就解剖學和生理學做演講。他成為國王詹姆士一世和他兒子查理一世兩代人的御醫。不過和查理一世的接觸並沒有對他的事業產生推波助瀾的作用，相反地，當一群被稱作「清教徒」的人篡奪皇位之後，哈維的住所被人攻擊、放火，很多有待出版的手稿被毀。無情的大火帶給科學界無盡的損失。哈維長期不懈的研究內容龐雜，包括呼吸、肌肉，動物的受精卵如何發育等。查理一世甚至恩准他用皇家寵物進行實驗。

・第一次發現「血液循環」

哈維對血液一往情深，因為他認為血液主宰著生命。他曾敲開一枚枚的蛋殼，一次次看到代表著生命的第一團血有節奏地脈動。他也用其他動物的胚胎（在卵或母親的子宮中發育的階段）進行實驗，所見相同。哈維對與血液長期為伴的心臟也愛不釋手。眾所周知，無論是人還是動物，心臟不跳動就意味死亡。所以，血液是生命的起始，心跳終止是生命的結束。

多數情況下，心跳是來不及思考的，不過偶爾你能真切地感知到自己的心跳。比如，當你緊張或驚慌的時候、做運動的時候，你能感覺到心臟一下下撞向胸口：砰——咚，砰——咚，砰——咚。哈維想要破解心臟的「運動」，即每次心跳的時候到底發生了什麼。每次心跳一下，心臟便會收縮和舒張一次。為了觀察心臟的跳動，他解剖了很多活體動物，尤其是蛇一類的冷血動物（不能保持體溫恆定的動物）。它們的心跳比我們慢很多，更便於觀察。他看見心臟瓣膜伴隨每次心跳有規律地開合。心臟收縮的時候，心臟腔室間的瓣膜關閉，連接心臟和血管的瓣膜開放；反之，心臟舒張的時候，心臟腔室間的瓣膜打開，心臟和血管（肺動脈和主動脈）之間的瓣膜關閉。這些瓣膜的作用和法布里修斯的發現如出一轍，看似都是為了保持血流方向。

哈維向別人演示了幾次實驗以證明他的想法。其中一個實驗非常簡單：他在一隻手臂綁上綁帶（止血帶），勒緊，完全切斷手臂的血流，結果同側的手變得慘白；然後，他將綁帶鬆開一點，讓血可以流動，但還是不能返回心臟，手逐漸變成紅色。這說明血液流過手臂需要一定的壓力，但是止血帶徹底阻斷了它。鬆解綁帶可以讓血液進入動脈，但是不能讓其通過血管從手臂迴流。

在無數次認真觀察心臟和深入思考以後，哈維終於取得重大進展。他統計出短時間內湧入心臟的血流量超出身體內全部血液的總和，所以一次心跳不可能製造足夠的血液輸出，更不用說供應給全身了。因此血液必須隨每一次心跳流出心臟、流過動脈、進入靜脈再回到心臟，開始下一次新的「血液循環」。

・生物學和醫學實驗法的奠基者

一六二八年，哈維在短篇論著《心血運動論》（*De motu cordis*）裡用拉丁文寫道：「我個人認為血液一直在做循環運動。」他以描寫心臟的收縮和舒張開篇，以它們的功能意義結尾。他總結出血液被右心室壓入肺部，從左心室流入最大的動脈——主動脈，然後分流到稍小的動脈，接著轉入靜脈。那裡的瓣膜確保血液沿正確的方向流動，並且途經最大的靜脈——腔靜脈，返回心臟右側。

哈維和維薩里一樣，他們都相信實踐出真知，希望透過親手試驗瞭解人體的結構和功能，而非簡單地查閱資料。然而他們的研究對象又不同：維薩里的對象是屍體，哈維的對象多數是活體。哈維知道自己的發現推翻了蓋倫的心血管論，顛覆了兩千年來的醫學教義，但他無心一爭高下。一些蓋倫的支持者認為他的學說太極端，雙方也曾有過一番脣槍舌劍。不過，他的理論有一個明顯的缺陷：他沒有回答血液是「如何從最小的動脈進入最小的靜脈以展開返回心臟的旅程」這個關鍵問題。

哈維帶著這個困惑離世。他的追隨者義大利人馬爾切洛．馬爾比基（Marcello Malpighi，一六二八－一六九四）是一位顯微鏡專家。這種新設備出現在一五九〇年代左右，而在馬爾比基的時代得以進一步改良。因此，他比先前的人更透徹地看清了肺、腎等器官結構的細微之處，發現了連結最小的動脈和靜脈間不易察覺的通道：毛細血管，證實了哈維的血液循環學說。

哈維開創性的工作證明細緻的實驗可以撥雲見日，越來越多的人接受他的觀點，並且視他為生物學和醫學實驗法的奠基者。他的方法鼓勵了動手實踐，更多人開始鑽研其他的身體機能，比如呼吸時肺的變化及消化時胃的工作。哈維像維薩里和伽利略一樣幫助人們意識到，科學知識要與時俱進，我們應該比一千年（甚至是五十年）前的智者們對自然瞭解得更多。

· 14 ·

知識就是力量：培根和笛卡兒

從哥白尼到伽利略的那一百年間，科學讓世界發生了翻天覆地的變化。地球不再是宇宙的中心，解剖學、生理學、化學和物理學的新成果提醒人們，前輩根本不是學無所遺，還有大片的空白等待填補。

人們開始思考科學自身的意義。最好的科學方法是什麼？怎麼確定新發現的可信度？如何運用科學來舒適、健康、幸福地生活？有兩個人對科學進行了特別深入的剖析：一個是英國的律師兼政治家，另一位是法國哲學家。

那名英國人叫法蘭西斯・培根[9]。他的父親尼古拉・培根從一介草民的地位平步青雲，逐步升為女王伊麗莎白一世的重臣。他深知教育的重要性，所以送培根進入劍橋大學學習。法蘭西斯服侍了伊麗莎白一世和她的後繼者國王詹姆士一世。他熟知英國法律，參與了幾起重要審判之後成為大法官，這是當時最重要的法律官員之一。他也曾當選國會議員。

培根醉心於科學。他投入大量時間做化學實驗，觀察自然界裡各種稀奇古怪的現象，包括動物、植物、氣候、磁場，包羅萬象。他分析了科學的重要性和科學的方法，那些精闢、令人折服的論點比他的發現更有意義。培根告誡人們要看重科學。「知識就是力量」是他的至理名言，科學是獲得知識的最好途徑。為此，他勸說伊麗莎白女王和詹姆士一世出資建立實驗室，為科學家創造工作環

9 法蘭西斯・培根（Francis Bacon，一五六一－一六二六），英國散文家、哲學家、政治家、科學家。不但在文學、哲學上多有建樹，在自然科學領域也取得重大成就。——編注

境。他認為科學家應該組建社團或學術組織，面對面交流彼此的思想和研究。他說，科學賦予人類瞭解自然的方法，只有瞭解它，才能控制它。

培根明確指出了科學發展的最佳途徑。科學家的措辭必須嚴謹易懂；調查實踐必須沒有先入之見，不能自以為是地證明自己，最重要的是反覆實驗和觀察，確保結論準確，這就是「歸納法」。比如，利用一次次的計算、秤重或者混合化學物質，化學家才能掌控進程。科學家收集的觀察報告越多，歸納得越詳細，他們的預見力就越強。他們可以把這些歸納推而廣之概括出自然運轉的法則。培根的思想激勵了一代又一代的科學家，即使在今天也是金玉良言。

・樹立了檢驗科學真理的標竿

法國的勒內・笛卡兒[10]則是以不同方式闡釋了科學。他對哈維和伽利略的作品愛不釋手、冥思苦想。他和伽利略一樣是天主教徒，但是他執著地認為宗教和對自然界的研究不能混為一談。他像哈維那樣研究人體和動物，解釋那些蓋倫從來沒教過的身體機能。事實上，笛卡兒比早期的哈維和

10 勒內・笛卡兒（René Descartes，一五九六－一六五〇），法國數學家、科學家和哲學家，西方現代哲學思想和解析幾何的奠基者。——編注

伽利略更積極地在全新的基礎上發展科學和哲學。雖說笛卡兒是今日家喻戶曉的哲學家，但他更是一位比培根還注重實踐的科學家。

笛卡兒出生在法國都蘭的拉海鎮（La Haye）。他天資聰慧，在盧瓦爾地區拉夫雷士（La Flèche）的名校就讀，該地區是法國優質葡萄酒產地。在拉夫雷士，他接觸到伽利略透過望遠鏡的發現、哥白尼的日心說和最新的數學成果。他從普瓦捷（Poitiers）大學法學系畢業以後，做出了一個驚人的決定：投筆從戎，參加新教的部隊。笛卡兒的青春年華在這場席捲歐洲的戰爭（三十年戰爭）中度過。他的軍旅生涯大概持續了九年，在戰爭中，他應用自己的數學知識幫助士兵計算出炮彈的彈著點，但自己並沒有上過戰場。他同時與新教和天主教的部隊保持聯繫，而且似乎哪裡有重大的政治或軍事事件，哪裡就有他的身影。我們不知道他做了什麼，也不知道他馬不停蹄的旅行經費從哪裡來。也說不定他是一個間諜。如果真是這樣的話，他或許是服務於一直信奉的天主教那一邊。

笛卡兒在他早年遊歷期間，也就是一六一九年十一月十日那天，正坐在生著爐火的屋子裡，懶洋洋地打瞌睡時，忽然冒出了兩個想法。第一，如果想要盡可能地接近真理，那麼就不能止步於亞里斯多德等權威的學說，只能依靠自己，一切從頭開始。第二，唯有懷疑一切才可以從頭來過。當晚，他又做了三個夢。他覺得這是在暗示他付諸行動。他沒來得及留下隻字片語，就踏上了戰爭的冒險之旅。但是，在這個頓悟的一日一夜裡，他邁上了自己獨闢蹊徑解釋宇宙萬物之路，同時為他人樹立了檢驗科學真理的標竿。

‧探討物質世界與心靈的科學家

「懷疑一切」意味著永遠不可以想當然耳，然後再跟隨你確信無疑的東西步步深入。什麼是確信無疑的東西呢？答案只有一個：正在規劃這個科學和哲學問題的那個「他」。他在尋找觸摸真相的方法。更簡單地說，就是他在「思考」。他用拉丁文寫道：「我思故我在。」我的存在是因為我在思考。

這句話是笛卡兒思想的出發點。聽起來確實不錯，但是我們不禁要問：「然後呢？」對於笛卡兒來說，它將直達遙遠的終點：因為我思考所以我存在，但是我也可以想像即使沒有肉體也能夠思考。然而，如果肉體存在我卻不思考，那麼我就不可能知道肉體的存在。所以，我的身體和用來思考的部分（我的思想，或者是心靈）一定是彼此獨立、迥然不同的。這就是「二元論」的基礎：宇宙由兩種截然不同的東西組成──「物質」（比如人體、椅子、石頭、行星、貓、狗）和「心靈」（人類的精神或者思想）。笛卡兒堅信我們的思想──透過它我們知道自己的存在──在宇宙中占有特殊的地位。

人類是特殊的動物此一認知由來已久。我們具備其他動物沒有的處事能力：能讀能寫、瞭解世界的複雜性、生產噴射機、製造原子彈。人類的特殊性不是笛卡兒思想和身體二元論的獨到之處，他的點睛之筆在世界的另一部分──物質世界裡。他說，思想和物質構成了世界，物質是科學的主題。這意味著僅從物理層面就可以理解物質並非意識，我們身體的功能部分也屬於物質；同時也代表著所有的植物和除我們以外的動物都沒有心靈，完全可以被分解成各具功能的物質。花草樹木、游魚大象頂多算是一些複雜的機器。笛卡兒認為它們都是可以被研究透徹的東西。

笛卡兒知道「自動機器」可以動，並從事一些特定的工作，我們稱這種活生生的人形設備為「機器人」。十七世紀，很多小鎮的大鐘上裝有這種小機器人，它們通常以一個男人的外形出現，在整點時出來敲鐘報時。這在笛卡兒的時代風靡一時（有些更保留至今）。人們一直在想，人類既然可以製造出如此精緻的人物，既能動又能模仿人和動物，那麼好一點的技工也許還能造出一隻能吃會叫、可以走動的狗出來。笛卡兒對這些玩意不感興趣。在他眼裡，植物和動物都是極度繁複縝密的機器人，無感地回應著周圍的世界。它們都是物質，科學家可以藉助機械原理和化學理論對其進行解釋。笛卡兒看過威廉．哈維關於心臟的「機械」運動和血液循環的文章以後，認定這是對自己理論體系的有力證明。（他本人對血液進入心臟時引起的變化和血液循環理由的解釋已經被忘得一乾二淨。）笛卡兒滿心期待這個理論可以更好地解釋健康和疾病的關係，最終為人類提供生活常識，即使不能使人永生，至少可以使人延年益壽。

笛卡兒如願證明了宇宙由分開的心靈和物質組成之後，轉而思考人的思想和身體的結合方式。他質問自己：物質有實體並且占據了空間，而心靈恰好相反，沒有物質基礎虛無縹緲，它們怎麼「可能」結合。從希波克拉底時代開始，人們一直認為大腦負責思考。一個人頭上捱了一拳可能會暈倒，很多醫生目睹了大腦受傷或腦部病變引發的心理功能變化。笛卡兒一度認為，人類的心靈固定在大腦中間的一個腺體上，不過他也意識到，按照他建立的邏輯，物質和心靈永遠不可能有身體上的依存關係。後來人們稱這種模式為「機器中的幽靈」，意思是人類如機器一樣的身體，被像幽靈一樣的思想或心靈所控制。如此一來就引發了一個問題：到底有多少狗、黑猩猩、馬和其他沒有自己「幽靈」的動物，分享了我們那麼多的心智能力呢？應該如何解釋貓和狗會表現出恐懼和憤怒，至少狗是會向主人表達愛意的呢？（而貓總是自命清高。）

笛卡兒總是好奇地對很多事情追問到底，所以他寫了一本書，簡單地將其命名為《世界》（*Le Monde*）也不足為奇。他接受哥白尼關於地球和太陽關係的學說，但是為了不冒犯教會權威，他在表述自己觀點的時候比伽利略更加小心謹慎。他論述過自由落體運動和其他吸引伽利略的問題。不幸的是，雖然笛卡兒在當時有些追隨者，但是他的宇宙運轉理論還是不能和伽利略、艾薩克・牛頓這樣的巨人相提並論，所以現在很少有人記住作為物理學家的笛卡兒。

即使笛卡兒落選物理界的精英人物，也不管你是否清楚，反正你只有跟隨他的腳步才能用代數和幾何解題。在代數學裡，他睿智地用 a、b、c 代替已知量，x、y、z 代替未知量。每當你計算 $x=a+b^2$ 這類方程式的時候，就是在實踐笛卡兒的做法。當你在有水平軸和垂直軸的圖上標記的時候，也是在應用他的發明。笛卡兒親自解決了各式各樣的代數和幾何問題，並把它們彙總在一本書中出版發行。

笛卡兒藉由清楚劃分身體和心靈、物質世界和精神世界，強調了物質世界對科學的重要性。天文學、物理學和化學解決物質問題。生物學也一樣，就算他的「動物－機器論」似乎有點不著邊際，生物學家和醫生仍然煞費苦心地研究動植物的生理機能。笛卡兒認為不久之後就可以證明藥物能夠延長人的生命，可惜他沒趕上。笛卡兒在應邀前往瑞典向女王講解他的哲學觀和世界觀之前一直相當健康。他很怕冷，但是習慣早起的女王要求每天清晨開始授課。笛卡兒沒有捱過在瑞典的第一個冬天，不幸生病，一六五〇年二月，距離他五十四歲生日還有七週的時候，與世長辭。有些人認為他至少應該活到一百歲，在這個歲數去世實在令人惋惜。

培根和笛卡兒都對科學懷抱雄心壯志。儘管他們對科學有不同的期望，但他們對前景同樣樂觀。培根是科學的鋪路石；笛卡兒是科學的實踐者。他們希望自己的觀點生生不息，日益完善；他們堅信科學是超越平凡生活的特殊活動。科學值得他們付出，因為科學充實了我們的知識庫，增強了我們把握自然的能力。從這個角度理解科學，將提升我們的生活品質和公眾利益。

· 15 ·

化學的新時代

如果你有一套化學用品，那麼你便應該知道石蕊試紙。這種小紙條可以測定溶液的酸鹼性。如果你倒些醋在水裡（讓它變酸），然後拿這張藍色的紙蘸一下，它就變紅了。如果你用漂白劑試（它是鹼性的），紅紙則會變藍。下回你用石蕊試紙的時候，一定要想想羅伯特．波以耳（Robert Boyle，一六二七－一六九一），是他在三百多年前設計了這個測試。

波以耳的貴族家族在愛爾蘭聲勢顯赫，他是家裡最小的兒子，衣食無憂。和很多富人不一樣，他樂善好施，慷慨捐助慈善事業。他出資請人把《聖經》翻譯成美洲印第安語言。宗教和科學在他的一生中如影隨形，平分秋色。

他在英國貴族學校伊頓公學學習了幾年就開始周遊歐洲，在歐洲他有一長隊的私人教師。在英國內戰硝煙四起的時候他回到那裡，他的家人有支持國王查理一世的，也有支持議會派推翻國王建立共和的。他的姊姊說服他加入了議會派，並介紹他認識了塞繆爾．哈特利布（Samuel Hartlib），一個滿腔熱忱的社會、政治和科學的改革者。哈特利布和法蘭西斯．培根一樣，相信科學是改善人類生活的動力，他勸說年輕的波以耳學習農業和醫學以實現這個目標。波以耳首先選擇了醫學，在翻閱各種疾病療法的過程中走上了化學之路，從此痴迷一生。

有些宗教人士對新思想敬而遠之，也唯恐自己的孩子有所接觸，因為他們擔心新思想會毀掉他們的信仰。波以耳的宗教信仰根深柢固，但正因為如此，他才能毫無顧忌地博覽群書，以滿足自己無邊的科學興趣。波以耳年輕的時候正是笛卡兒和伽利略飽受爭議的時代，但他仍然詳讀兩人的作品，並讓他們的遠見在自己的工作中發揮應用。一六四二年，伽利略在佛羅倫斯去世。就在那一年，同樣在佛羅倫斯，波以耳讀到了伽利略的《星際信使》。波以耳對古代原子學說充滿興趣（參閱第三章），但是他並不完全接受宇宙是「原子和虛空」的說法。他知道宇宙間有一些基本物質，並稱它們為「微粒」，他順著這個思路進行研究，但沒有受到古代希臘原子論是不信神（無神論）的影響。

・科學家必須有能力向別人證明深奧的祕密

波以耳透過實驗否定了亞里斯多德的四元素學說——氣、土、火和水。他點燃了一根溼木棍，證明冒出的煙不是空氣；燃盡的木棍滲出的液體也不是普通的水；火焰因燃燒物的不同而變化，表明這也不是真正的火；剩下的灰燼更不是土。波以耳不厭其煩地分析這個簡單的實驗，說明像木頭這樣普普通通的東西不是由氣、土、火、水組成的。他還列舉了其他的材料，比如黃金不能再被分解。黃金受熱會熔化、流動，但是它不會像燒過的木頭那樣面目全非，冷卻後它還會恢復本來面目。波以耳承認我們的日常用品，比如木頭桌椅、羊毛衣帽是由各式各樣的成分組成的，不過它們既不能被分解成古希臘的四大元素，也不能被還原成帕拉塞爾蘇斯的三元素。他對元素的定義——「不能用任何東西製造，也不能相互製造」，已經接近現在的定義，所以有些人認為波以耳是現代化學元素的奠基者。可惜他沒有繼續深入，也沒有在自己的化學實驗中實踐。

不過，波以耳的實驗如願以償地驗證了他把「微粒」作為物質單位的設想。他是一個孜孜不倦的實驗者，分秒必爭地在私人實驗室裡研究，不是和朋友一起就是獨自一人，鉅細靡遺地記錄實驗過程。波以耳在科學史上的特殊地位，部分原因在於他對細節的關注。他和他的朋友希望科學是公開的、無私的，他們願意與人分享成果。沒過多久，他們就仿效帕拉塞爾蘇斯，理直氣壯地宣布發現了更大的自然祕密。身為一名科學家，必須有能力向別人證明深奧的祕密，要麼身體力行，要麼將其形諸筆墨。

波以耳活動的科學圈子一直秉持這種開放的原則。一六五〇年代，他住在牛津，在那裡成立了第一個以開放為理念的非正式社團；後來大部分成員遷往倫敦，與其他人合併發展，為一六六二年成立的英國皇家學會的前身，現在仍是全球頂級科學社團之一。他們知道自己做的正是法蘭西斯·培根五十多年前所倡導的。波以耳是俱樂部裡提升眾人才智的統帥。從一開始，「研究員們」——皇家學會會員的稱謂——就力求將新知識和討論議題在會議中進行交流。

羅伯特·虎克（Robert Hooke，一六三五－一七〇二）是波以耳欣賞的合作者之一。他比波以耳年輕幾歲，聰明幾分，來自和波以耳天差地別的窮困家庭，一直都必須靠智慧養家餬口。虎克受僱於皇家學會，負責每場會議上的實驗演示。他逐漸成為使用和研製各種科學設備的行家。他設計了很多實驗，有測量聲速的，也有觀測狗和狗之間輸血反應的。有些實驗用狗在輸入新血後看起來更加活潑好動，激發了研究員對人體實驗的渴望。於是，他們嘗試給人體輸入羊血，但沒有成功；在巴黎，一名受血者的死亡終止了這項實驗。虎克在皇家學會每週例會上的任務就是準備兩、三個穩妥的實驗，以滿足研究員們的興趣，激發他們的靈感。

虎克屬於最早一批把顯微鏡的作用發揮得出神入化的「飽學之士」。（「飽學之士」的字面意義是「博學的人」，就是我們現在說的科學家。）他用顯微鏡描繪了一個肉眼看不到的嶄新世界，揭示了植物、動物和其他一些事物不為人知的結構。例會上，研究員們聚精會神地透過顯微鏡觀察。除了虎克的示範，他們也從另一位著名的顯微鏡學家那裡獲益匪淺，他就是荷蘭人安東尼·范·雷文霍克（Antonie van Leeuwenhoek，一六三二－一七二三）。他是布商，在閒暇時間打磨出一種非常小、能把物體放大兩百多倍的鏡片，每觀察一次就要打造一片新鏡片。每次實驗都需要他在金屬架裡安裝不同的鏡片，然後把要研究的小物體放在鏡片下觀察。他很長壽，因此他做的鏡片也很多，大概有幾百個。他在池水裡發現了微生物，在牙垢中發現了細菌，他的顯微鏡下奇妙的東西不勝枚舉。虎克也認為自己的顯微鏡可以帶每一位使用者接近自然，於是在一六六五年（倫敦瘟疫年）出版了《顯微圖譜》（*Micrographia*），引起轟動。書中很多插圖讓我們目瞪口呆：他把蒼蠅和蝨子一類的昆蟲放大到誇張的程度，這些圖片很快風靡一時。書中還記錄了他利用顯微鏡對物體結構、功能的觀察和推測。文中插入了一張可以做紅酒瓶塞的一小片軟木橡樹皮圖，他稱這個小東西的盒形結構為「細胞」。但這並不是我們今天所說的細胞，只是用了這個詞而已。

・蒸汽機的理論溯源

無論是波以耳還是虎克，他們都熱衷於一種機械：氣泵。他們的氣泵和我們給自行車或者足球打氣的原理一樣。氣泵有一個巨大的中空區，頂部有一個關上後緊緊密合的塞子，底部有另外一個開口，氣體經由閥可以吸入或送出。看起來沒什麼新鮮的，但它解決了當時的一大科學謎題：創造真空，即一個沒有空氣、完全空蕩的空間是否可行。笛卡兒曾經斷言這根本不可能。（「自然界厭惡真空」是對這種觀點最直白的表述。）但是，正如波以耳的質疑之聲，如果物質終歸是由彼此獨立的微粒組成，各具形態，微粒間就一定有空隙。他說，水受熱蒸發變成氣體，依舊是原來的微粒，但是氣體比液體占據了更大的空間。經過無數次把液體加熱轉化成氣體的實驗後，他確信所有氣體進入氣泵後的表現一模一樣。波以耳和虎克得出一個結論，它就是我們所知的「波以耳定律」：恆溫下，氣體體積與所受壓力有特定的數學關係。氣體周圍的壓力直接影響它的體積，所以若加大壓力，氣體被擠在有限的空間裡將縮小其所占空間。（如果提高溫度，氣體膨脹，形成一股新的壓力，仍然會遵循同樣的基本原理。）不久以後，波以耳定律促成了蒸汽機的發展。你要記住他的名字，後面我們會講到蒸汽機。

波以耳和虎克利用他們的氣泵檢視了很多氣體的特性，包括我們呼吸的「空氣」。還記得嗎，「氣」是一種古老的元素，但是直到十七世紀，很多人才真正明白包圍著我們、養育著我們的空氣非同小可。眾所周知，這事關呼吸，每吸一口氣，就有空氣進入我們的肺。除此之外呢？波以耳和虎克同時對木頭和煤在燃燒時的變化充滿好奇。他們也想知道為什麼血在流進肺之前是暗紅色，流出之後卻變成鮮紅色。虎克把這兩個問題合二為一，他推測肺就像一個特殊的燃燒爐，呼吸、燃燒都與「空氣」有關。虎克拋磚引玉，科學家們在他和波以耳之後的一個多世紀裡，對「空氣」的構成和本質，以及呼吸和燃燒的問題，樂此不疲地重複和改進他們的實驗。

虎克幾乎涉獵了所有科學領域。他發明了一種由一組發條驅動的錶（大幅提高了計時的準確性）；他研究化石的起源；同時他也鑽研光學。即使是有關我們前面曾經提到過的問題，他也有可圈可點的表現。欲知詳情，請你轉到下一章，看看運動和力學。

虎克和艾薩克．牛頓在同一時間研究著同樣的主題。你很快就會明白為什麼大家對牛頓耳熟能詳，而對虎克先生卻知之甚少。牛頓自己便是原因之一。

· 16 ·

這是怎麼了：牛頓

我想知道你是不是見過和艾薩克・牛頓一樣聰明絕頂的人，反正我是沒見過。不過，你倒有可能見過和他一樣令人不悅的人。他脾氣暴躁，幾乎對所有人嗤之以鼻，而且覺得所有的人都和他過不去。他作風隱祕、自負，甚至能忘了吃飯。他的缺點不勝枚舉，但是，他智慧過人、無人能及，即便他的思想和文集讓人琢磨不透，他的才智依舊永載史冊。

無論怎麼評價，艾薩克・牛頓（Isaac Newton，一六四二－一七二七）都不是討人喜歡的人。他的童年相當悲慘，出生前失去了父親，出生後遭母親遺棄。母親一改嫁就把他扔在了外祖父母家。他恨繼父，討厭外祖父，也不太喜歡母親和外祖母。事實上，他從小就不喜歡和人交往。他喜歡獨處，是個少年老成的孩子。那時，他住在林肯郡，天資聰穎，所以被送到了離家不遠的格蘭瑟姆中學學習。在學校，他認真學習了拉丁文（他的拉丁文寫作和英文一樣得心應手），但也花了大量時間製作鐘錶模型、機械工具和日晷。

一六六一年，他進入劍橋的三一學院，照樣我行我素。他原本應該認真學習亞里斯多德和柏拉圖等先賢的著作，但他只是敷衍了事（他習慣一絲不苟地記筆記，所以我們透過筆記便知道他讀過什麼）。他真正的興趣在近代：笛卡兒、波以耳和其他新科學的代表人物。博覽群書固然不錯，但牛頓想要靠自己。他設計了很多新的實驗，不過他最大的智慧體現在數學，以及利用數學解析宇宙的深層奧祕之上。

牛頓在短短幾年裡不可思議地創造出了多項理論。這麼高的效率，除了愛因斯坦（參閱第三十二章）之外再無人能及。牛頓創造奇蹟的時間集中在一六六五年和一六六六年英國瘟疫盛行的年代。當時劍橋大學讓學生停課回家，牛頓有時會待在母親在林肯郡伍爾索普的家中。就是在那段時間，他看到母親花園裡成熟的蘋果紛紛落地。事情或許沒有傳說中那麼戲劇性，不過確實讓他聯想到一個懸而未決的問題：為什麼所有東西都會掉到地上呢？

・站在巨人的肩膀上

那段期間，他忙於各種科學研究。以數學為例，伽利略、笛卡兒和很多自然哲學家（也就是科學家）一直在促使數學作為一門獨立學科出現，尤其希望把它作為檢驗觀察和實驗結果的手段。牛頓靈活地運用數學進行科學研究，是一位實至名歸的數學大家。在用數學方式描述物體運動和重力的時候，代數和幾何已經不夠精確。你必須要考慮到非常短的時間單位和運動單位：事實上，就是無窮小。在計算出膛的子彈、從樹上落地的蘋果和圍繞太陽運動的行星時，必須要代入最短有效時間內它們所經過的距離。很多先前的自然哲學家早就意識到這個問題，並且各顯神通。但二十多歲的牛頓用自己的數學方法獨闢蹊徑，並將此命名為「流數法」（method of fluxions），取事物不停地變動之意，這就是我們現在所說的數學分支——微積分。一六六六年十月，在洋洋灑灑地完成一篇論文之時，他知道自己站上了歐洲數學的顛峰。無奈曲高和寡，他並沒有立刻將研究公諸於世，僅是在獨自享用之餘和幾個熟人分享了他的方法和結論。

除了數學，牛頓也研究起了光學。從遠古時代開始，人們一直認為陽光是白色、純淨、同質的（由同一種物質組成），有時它之所以看上去五顏六色，是因為這種本質純淨單一的光線被改變了。牛頓拜讀了笛卡兒關於光線的作品，重複了他的一些實驗。廣為人知的一個實驗是，他準備了多組鏡片和一個能折射光的玻璃稜鏡，讓一小束光射進漆黑的房間，透過稜鏡打在二十二英尺（大約七公尺）外的牆上。如果光如笛卡兒等人所想是同質的，那麼牆上的投影應該是一個白色的圓圈，和透光孔一樣的形狀。結果出人意料，出現在他眼前的竟是一條色彩斑斕的寬帶。牛頓沒想到會出現一條彩虹，不過，他已經踏上了揭祕之路。

在瘟疫肆虐的那些年，牛頓從事的研究也推動了力學的發展：運動定律誕生了。我們知道伽利略、克普勒、笛卡兒等人對炮彈發射和地球繞太陽轉的運動已經形成了一套理論（也提出了數學公式）。羅伯特．虎克同樣對此十分感興趣。牛頓研讀了他們的文章之後闊步前行。他曾寫信給虎克稱：「如果我取得了什麼進步，那是因為我站在巨人的肩膀上。」你還記得父母把你扛在肩頭的感覺嗎？你突然長高了兩、三倍，眼前盡是自己本來看不見的各類景色。牛頓就是從這裡起步，他的比喻栩栩如生地說明了每一個研究者、每一代科學家都在溫故知新中受益。引古博今是科學的基礎。

牛頓本身就是一位巨人，當然他自己也知道，所以當他感到被忽視的時候，麻煩來了。牛頓把最初的光學論文寄給皇家學會，而皇家學會把論文轉交給做過相同研究的虎克審閱。這就是我們稱為「同儕審閱」的慣例，現在很多優秀的科學期刊仍沿用此法，科學家們也對這種公開的氛圍大為讚賞。可是牛頓一點也不喜歡虎克的評語，他甚至遞交辭呈放棄皇家學會研究員的身分以示抗議。皇家學會不動聲色地駁回了他的辭呈，但牛頓和虎克就此結下了梁子。

一六六〇年代，牛頓爆發了驚人的創造力，隨後他把注意力轉向鍊金術和神學等其他事物。他一如既往地認真做讀書筆記和實驗紀錄，給想要瞭解他思路的後人留下了文字檔案。那時，他的這些想法和實踐都隱而不顯，尤其是他的宗教觀點更與英國教會的教義背道而馳。劍橋大學要求學生遵從教會的教義。牛頓在大學裡有強力的後臺支持，所以沒有經過宣誓就被三一學院接納，後來並被授予盧卡斯數學教授席位，他帶著這個頭銜度過了二十多年歲月。這是牛頓之幸，更是科學之幸。不幸的是他的學生，他們聽不懂牛頓在講什麼。有時候，牛頓的課堂空無一人。他侃侃而談那些高深莫測的話題，比如光學和運動，卻從來不提他私下鑽研的鍊金術和神學——也許這些更能引起學生的興趣！

直到一六八〇年代中期，牛頓在數學、物理和天文學方面的研究才逐漸為世人所知。他筆耕不輟，但是出版成書的卻寥寥無幾，因為他總是說他的科學作品是寫給自己獨享的，或者作為遺產留給後人。

一六八四年，天文學家愛德蒙・哈雷（Edmund Halley）到劍橋拜訪牛頓。（哈雷彗星就是以他的名字命名的。據推算，二〇六一年它將再一次光顧地球。）他和虎克一起討論過一個物體繞另一個物體轉動時的軌跡圖形（例如，地球圍繞太陽轉，以及月亮圍繞地球轉的軌道）。他們研究重力是否影響物體的路徑，我們現在稱之為「平方反比定律」。重力只是這項定律中諸多因素之一，顯示重力隨兩物體間距離平方值的加大而變弱；反之，當距離變小時，重力同比例增大。這種吸引的作用力是相互的，兩物體的大小也是決定因素之一。比如，一個物體是地球，非常巨大，另一個是蘋果，小到微不足道，那麼地球將施放幾乎全部的引力。在第十二章中曾講到伽利略利用「平方」解釋過自由落體，後面我們還會陸續看到它的應用，自然界似乎很喜歡用「平方」把事物連接起來，無論是時間、加速度還是引力。所以當你用到平方的時候（寫成 $3\times3=9$，或者 3^2），想像一下「自然」會心的微笑吧。

哈雷的到訪中斷了牛頓對神學和鍊金術的迷戀。他轉入正軌，並且開始撰寫他最重要的、科學史上最偉大的書籍之一：《自然哲學的數學原理》（*Philosophiae Naturalis Principia Mathematica*，牛頓用拉丁文撰寫），現在我們簡稱為《原理》（還記得嗎，「自然哲學」是「科學」的舊稱）。在書中，牛頓詳細講解了他對新數學的應用，還用數字代替文字敘述解釋了諸多物理原理。但是此書晦澀難懂，在牛頓的有生之年，只有為數不多的幾個人能輕鬆讀懂。不過書中傳遞的訊息廣受讚許，為觀察和描述宇宙鋪設了一條全新之路。

．用數學和物理概括出放諸四海皆準的定律

牛頓寫進《原理》一書中著名的三大運動定律，融入了他對世界和天體的大部分觀點。他的第一個定律表明任何物體在不受任何外力時，總保持等速直線運動或靜止狀態，直到有外力作用迫使它改變這種狀態為止。例如，如果沒有風、雨或人等運動的外因，山邊的岩石將永遠一動不動；如果它被推動了，那麼在沒有干擾力（摩擦力）的情況下，它也將一直沿直線滾動下去。

他的第二個定律闡述了外力可以改變運動物體的速度和方向。改變的力度取決於外力的大小，改變的方向沿作用力方向進行直線運動。假設空中飄著一個氣球，你推一下它，它會移向另一邊；你從上往下壓它，它會更快落下。

第三運動定律總結出任何力都有一個相等的反作用力。這個意思是兩個物體間的力相互作用，大小相等，但方向相反。你可以再拿氣球試試，你拍它一下，它就離開你的手，同時也在你的手上留下一個作用力（你能感覺到的）。要是你猛擊一塊巨石，石頭不會動，可是你的手會被彈回來，而且很疼。這是因為輕的物體所施的作用力，很難克服反作用力而去影響重的物體。（和重力是同一個道理。）

這三條定律把早期自然哲學家困惑的問題統整在一起了。借牛頓之功，從行星運動到箭離弦的軌跡等很多現象都有了解釋。透過運動定律可以把整個宇宙看作一臺有規律的巨大機器，就像一個

能計時的錶一樣，它有自己的彈簧、槓桿和運動。《原理》被奉為蘊含著無限能量的天才之作，它把一個離群索居、惹是生非的人變成了名人。牛頓被任命為政府鑄幣廠的廠長，月薪不菲。他忘我地投入新工作中，帶著極大的熱情追究偽造貨幣者，監督國家的貨幣供應。為此，他不得不放棄劍橋的一切搬到倫敦，在那裡度過了生命的最後三十年，並成為皇家學會的會長。

在倫敦的那些年，牛頓精心修訂了《原理》，不但補充了一些後期作品，而且回應了不同的質疑之聲。科學家一貫如此。羅伯特．虎克去世不久，牛頓出版了第二本重要的科學著作《光學》（*Opticks*，一七〇四）。牛頓和虎克就誰是第一個在實驗中得出結論，確定了光的性質和運動規律而爭論不休。牛頓差不多在四十年前就為這本書做了大量準備工作，但是虎克在世的時候，他卻遲遲沒有將其出版。《光學》和《原理》一樣無可替代。我們在後面的章節還會介紹書中的某些論點，那將是其他科學家站在牛頓肩上之時。

牛頓是第一個獲得爵士頭銜的科學家。他享受到了權利，但並沒有體會到快樂。他不能算是一個可愛的人，但他是一個偉大的人。縱觀歷史，他是最勇於創新的科學家之一。我們要永遠銘記他對人類瞭解宇宙所做出的傑出貢獻。牛頓的《原理》是克普勒、伽利略、笛卡兒等很多人曾經勇敢追逐過的天文學和物理學的顛峰之作。他在書中把天體和地球合成一體，概括出放諸四海皆準的定律。他用數學和物理的方法解答了行星的運動和物體落地的運動。他奠定的物理學基礎一直被科學界沿用到二十世紀，直到愛因斯坦等人證明宇宙間還有更多艾薩克大人沒有考慮到的事情時為止。

· 17 ·

耀眼的電火花

你有沒有認真想過，稍縱即逝的閃電到底是什麼，為什麼還有隆隆的雷聲尾隨其後？電閃雷鳴在高空狂野地上演，即使你知道它們出現的原因，照樣會覺得太不可思議。閃電經常會擊中地面，所以從十八世紀起就有科學家對此現象絞盡腦汁，並對落在家門口的閃電窮追不捨。

他們同時也在苦苦思索磁力問題。古希臘人知道，用力摩擦琥珀（一種黃色的次級寶石）可以把附近的小東西吸過來。這股力量的來源在那時是個深奧的問題。它似乎和另一種石頭——天然磁石——能持續吸引含鐵物體的力不是同一回事。就像北極星可以指示方向一樣，天然磁石可以引導旅行者；它是一塊特殊的礦物，懸浮的時候會隨意擺動，但總是指向磁極。英國醫生威廉．吉爾伯特（William Gilbert）一六〇〇年在文中提到「磁力」一詞。人們習慣用這種磁石把針磁化，在十六世紀中葉的哥白尼時代，海員已經使用原始的羅盤，依據羅盤轉動時指針總有一頭指向北方來識別方向。電力和磁力引發的娛樂性效果是學術界津津樂道的主題，也是普通人茶餘飯後的遊戲。

不久，人們發現，如果讓一個玻璃罩繞著一個點旋轉並且摩擦它，可以獲得更大的能量。當火花被聚集到玻璃上的時候，你不但能感覺到，而且能聽到。這個設備就是萊登瓶（Leyden Jar）的雛形。以誕生地命名的萊登瓶是一名大學教授於一七四五年在荷蘭萊登發明的。這個儀器是這樣的：一條金屬絲連接一個裝有半瓶水的瓶子和發電機。這根連線叫作「導體」，它可以「引」神祕的能量進入有水的瓶子，然後將其儲存在裡面。實驗過程中一名助理碰到了瓶壁和金屬絲，突如其來的一擊讓他以為自己必死無疑。實驗報告出來後引起了轟動，萊登瓶供不應求。曾經有十個僧侶手拉手地嘗試：第一個人觸摸萊登瓶和導體的時候，所有人都同時受到一震。電擊似乎可以從一個人傳到另一個人。

這到底是什麼？除了用來娛樂之外，這是一系列亟待解釋的嚴肅科學問題。五花八門的說法滿天飛的時候，有一個人理清了頭緒。他就是班傑明．富蘭克林（Benjamin Franklin，一七〇六－一七九〇）。你應該知道他是美國的功臣，在美國成功擺脫大英帝國統治獲得獨立的時候，他參與起草了一七七六年的《獨立宣言》。他機智詼諧，人脈通達，充滿了「親民」的智慧。比如，他說過「時間就是金錢」和「在這個世界上，除了死亡和稅收，再沒什麼是可以確定無疑的了」。當你坐在搖椅上，或看見有人戴著雙焦眼鏡的時候，不要忘了這些都是他的發明。

・第一次體驗電擊的震撼

富蘭克林經由勤奮自學獲得了淵博的知識，包括科學。無論是在法國、英國還是美國，他都如魚得水。他那個著名的閃電實驗就是在法國完成的。一七四〇至五〇年代，很多人痴迷於萊登瓶，富蘭克林也不例外。人們借他之手眼界大開。首先，他發現了物品帶有正電荷和負電荷，就像你在電池兩頭看到的「＋」和「－」號。他說，在萊登瓶裡，金屬導線和水「帶正電，即加號」，瓶子外面是帶負電，即減號。正電和負電帶有同等電量，互相抵消。他透過進一步實驗證實，真正的電能儲存在玻璃裡。於是他在兩片鉛之間加進一塊玻璃做成一種「電池」（電池的英文「battery」一詞是他創造的），把它和電源連接便可以開始充電。遺憾的是，他沒有繼續深入下去。

富蘭克林並不是第一個苦思地上的人造電火花與天上閃電之間關係的人，但他是第一個用萊登瓶探尋究竟的人。他設計了一個巧妙而危險的實驗。他推斷大氣中的電聚集在雲的邊緣，就像萊登瓶那樣。當空中雷聲轟鳴，層雲翻滾時，假如有兩片雲碰撞，就會有電釋放出來——一道閃電劃過。他在一場暴風雨裡放風箏來驗證自己的推測。放風箏的人必須做好絕緣保護（在風箏線的把手上塗蠟）和「接地」（他把金屬線的一頭繞在身上，另一頭拖在地上）。如果沒有這些事前嚴密的防護措施就可能遭閃電擊中喪命。的確有一個倒楣的實驗者因為沒有遵守富蘭克林的步驟而命喪黃泉。風箏實驗證明，閃電的電和萊登瓶裡的電一模一樣。

從重力開始到電學，這些事把天空和地球拉得越來越近。

富蘭克林對電的研究取得了立竿見影的效果。他發現一根帶有尖頭的金屬桿可以把電引向地面，那麼在建築物的屋頂上安裝這樣一根桿子，再用一個絕緣體一直連到地面，閃電就會被導離建築物，就算被閃電擊中也不會著火了。那時幾乎都是木屋，偶爾還有茅草頂棚，防火是頭等大事。因此「避雷針」應運而生，它的英文名字「lightning rod」（直譯為「閃電桿」）自始至終沒有變過，即使到了現在，我們也會在諸如洗衣機、冰箱一類的電器插頭裡加入一根絕緣線分導多餘的電荷，這就是「接地線」。富蘭克林為自己的房子裝了一個避雷針，消息不脛而走，於是避雷針變得隨處可見。人類對電的瞭解帶來了深遠的影響。

・傑出電學家輩出

電學是十八世紀最讓人興奮的科學研究領域，層出不窮的「電學家」對現代電學的貢獻勞苦功高。其中有三位遠近馳名的傑出人物。第一位是喜歡研究電子設備和動物的路易吉・伽伐尼（Luigi Galvani，一七三七－一七九八）。他是醫生也是老師，在波隆納大學教授解剖學和產科學（有關分娩的醫學）。不過，他對生理學的興趣也相當濃厚。在研究肌肉和神經的關係時，他發現當用電刺激青蛙的神經時，青蛙的肌肉就會收縮。深入研究後，他把肌肉比喻成可以生成和釋放電流的萊登瓶。伽伐尼說，電流是動物重要的組成部分，他稱之為「動物電」。他認為這是動物身體機能的基本要素。事實證明他是正確的。

物體釋放表面電力的時候會製造靜電電擊，也稱作「流電刺激」。科學家和電學家利用電流計測算電流。但是伽伐尼的「動物電」學說卻成了眾矢之的。反應最激烈的是來自義大利北部科莫的科學家亞歷山卓・伏特（Alessandro Volta，一七五七－一八二七）。他很看不起那些涉足物理界的醫生，所以他準備出手推翻「動物電」學說。他向伽伐尼公開宣戰。伏特做了充分的準備，要使伽伐尼一敗塗地。首先他在電鰻身上進行實驗，發現確實有電產生。但他相信即便如此也不能增強伽伐尼「動物電」學說的說服力。更重要的是，後來伏特發現把鋅和銀一層層地堆起來，中間用溼紙板隔開，也可以產生貫通各層的電流。他把這個成果命名為「堆」（pile），並向位於倫敦的皇家學會提出報告。就像萊登瓶一樣，「堆」在英國和法國引起轟動。

那時，法國正急於征服北義大利，法國皇帝拿破崙聽說此事後，授予這名義大利物理學家勛章，因為十九世紀初期，伏特的「堆」無可替代地提供實驗室研究的穩定電源。它提高了富蘭克林電池的實用性，從此電池成為我們生活中必不可少的東西。我們透過電壓的計量單位「伏特」永遠記住了伏特本人。下次換電池的時候看看包裝上有沒有寫。

第三位偉大的電學家（也是令人欽佩的數學家）叫作安德烈·馬里·安培（André-Marie Ampère，一七七五－一八三六），我們引用他的名字「安培」命名了另一個電的計量單位（amp）。安培的父親在法國大革命期間被送上斷頭臺，大革命留下的傷痛伴隨了他的一生。他的個人經歷十分悲慘。他深愛的結髮妻子在生完第三個孩子後離世，他的第二次婚姻愁雲慘霧，最終離婚收場。他總是為錢發愁，子女們處境淒苦。雖然安培的生活一團糟，但是他總結出一些數學和化學的基礎知識，尤其重要的是建立了他稱為「電動力學」的基本原理。這是一門把電力和磁力結合在一起的複雜學科。安培化繁為簡，用一目了然的實驗證明磁力就是運動中的電。法拉第（Faraday）和馬克士威（Maxwell）的工作鞏固了他的學說，我們很快就會詳細瞭解這兩位後來的電磁學巨星。雖然後來的科學家證明安培理論有很多細節並不適用，但是他開啟了電磁學研究的先河。請務必記住，有時出錯也是科學的一部分。

安培去世的時候，人們在研究電力的科學之路上已經走了很久，差不多可以將它掌握於股掌之間了。富蘭克林的作品也日趨平常，雖然它曾經意義非凡，但和伽伐尼、伏特、安培那些在實驗室裡操作精密儀器的人比起來，富蘭克林只能算是有天分的外行。伽伐尼最終勝過伏特一籌。現在我們知道，電在肌肉和神經的相互作用上起著關鍵作用。

· 18 ·

像鐘錶一樣運轉的宇宙

一七七六年的美國獨立戰爭、一七八九年的法國革命和一九一七年的俄國革命，紛紛成功地組建了新的政體和新的社會秩序。還有一場很少人聽說過的「牛頓的革命」同樣意義深遠，雖然花了數十年才發揮作用，但產生了巨大的影響。「牛頓的革命」描述了我們生活的世界。

一七二七年，牛頓去世，但艾薩克大人仍是十八世紀的領軍人物。各個領域都有人努力爭做本科專業的「牛頓」。亞當・史密斯[11]想要成為經濟學界的牛頓；有些人稱威廉・庫倫[12]為醫學界的牛頓；傑瑞米・邊沁[13]不遺餘力地要成為社會和政治改革方面的牛頓。他們夢寐以求的是一條可以融會貫通各自專業的定律或者原則，就像牛頓的重力牢牢地托住宇宙一樣，能夠經年累月屢試不爽。詩人亞歷山大・波普[14]曾經戲稱：「自然和自然的法則隱藏在黑夜裡／上帝說，『讓牛頓去吧！』／於是一切豁然開朗。」

作為一個英國人，波普偏向自己的同胞。牛頓生前在法國、德國和義大利已經聲名遠揚、廣受認可，不過，那些地方也延續著各自的科學傳統。在法國，笛卡兒的宇宙機械論餘威不減；在德

11 亞當・史密斯（Adam Smith，一七二三－一七九〇），蘇格蘭哲學家及經濟學家，被公認為現代經濟學的創立者。——譯注

12 威廉・庫倫（William Cullen，一七一〇－一七九〇），蘇格蘭醫生，他首次提出神經官能症的疾病概念。——譯注

13 傑瑞米・邊沁（Jeremy Bentham，一七四八－一八三二），英國的法學家、功利主義哲學家和社會改革者。他是一個政治激進分子，亦是英國法律改革運動的先驅。——譯注

14 亞歷山大・波普（Alexander Pope，一六八八－一七四四），十八世紀英國最偉大的詩人。——譯注

國，人們對誰是微積分的創始人爭論不休，哥特佛萊德・萊布尼茲（G.W. Leibniz，一六四六－一七一六）的崇拜者們堅稱他對此貢獻比牛頓大得多；在英國，牛頓的魅力引來了無數自稱是「牛頓迷」的追隨者，他們在數學、物理、天文和光學領域實踐著牛頓出眾的洞見。

逐漸地，牛頓的光學實驗和運動定律主導了歐洲的思想。一個最讓人始料不及的支持者提高了他的聲望，這個人就是伏爾泰（Voltaire，一六九四－一七七八）。他是詩人、小說家，最著名的創作是一篇冒險故事裡可愛的主人翁贛第德（Candide）。贛第德生活在接連不斷的災難之中，總是禍不單行，錯上加錯，但他從來沒有忘記自己的哲學：上帝創造的世界「一定」是最棒的。所以他依舊興高采烈，相信無論遇到多難的事，都是「最美世界」的最好結局。（在經歷了膽戰心驚的歷險之後，他終於決定留在家裡打理花園：這還真是個相當不錯的建議。）

《贛第德》是對和牛頓競爭微積分之父地位的哲學家萊布尼茲的暗諷。伏爾泰是牛頓的超級粉絲，一個純英式做派的人。他在英國住過幾年，對那裡的言論自由和思想開放印象深刻。（伏爾泰在法國曾因批判天主教會和國王而被軟禁，所以深知言論自由的重要性。）他離開英國的時候已經對牛頓佩服得五體投地，於是寫了一本通俗易懂的書向法國百姓介紹牛頓的思想。這本書在歐洲讀者如潮，人人都在談論牛頓的數學和物理學說，用它們來解釋天體運行、潮漲潮落、彈道走勢，當然還有蘋果落地。

數學和物理一步步地為牛頓贏得了至高無上的榮譽，這要歸功於他的著作《原理》。數學家、物理學家和天文學家利用這些方法解開了無數牛頓一帶而過的難題。科學研究永無止境，對牛頓來說也不例外。很多人慶幸自己可以站在巨人牛頓的肩膀上。實事求是地講，牛頓的確在很多方面開闊了他們的視野。

‧牛頓的洞見一一被證實

讓我們看三個實例吧：潮汐的起因、地球的形狀，以及太陽系行星的數量及運行軌道。

潮漲潮落，退潮的時候大海「遠去」，要走很遠才能撲進海裡游泳；漲潮的時候大海「湊近」，能沖走你的沙堡。潮水是有每日的規律可循的，這對海員至關重要，因為他們要在漲潮時進港。亞里斯多德曾經繪製出潮汐和月亮的關係。自此之後人們普遍認同地球是轉動的，而且有人把潮汐的湧動比喻成傾斜的水桶裡晃來晃去的水。然而對牛頓而言，重力（引力）才是關鍵。他推斷月亮最靠近地球時「吸引力」最大。（就像地球圍繞太陽轉一樣，月亮圍繞地球做橢圓形運動，它們之間的距離有規律地變化。）月球的重力把海水吸引向自己。隨著地球的轉動，大海的某一區域離月亮漸近，然後漸遠，重力也隨之增強減弱，這樣我們就看到了海水規律性的漲落，也說明了為什麼會有高潮和低潮。牛頓明智地證明了重力才是潮汐的原因。

隨後，牛頓迷們改進了大師的計算。瑞士醫生丹尼爾．白努利（Daniel Bernoulli，一七〇〇－一七八二）在一七四〇年做出一個更精確的潮汐分析。他對數學、物理和航海的興趣遠遠勝過醫學，他在弦的顫動（彈吉他時會遇到）和鐘擺（看看祖父的掛鐘）的運動方面也有所貢獻。他還改進了船的設計。在巴塞爾醫學院，他也借用牛頓的力學分析問題，比如他認為人的肌肉以收縮、變短的方式促使四肢運動。那時的學術性學會總是設下問題激勵眾人思考，並獎勵提供最佳答案的人。白努利和其他幾人共同分析了潮汐現象的起因和太陽重力的作用，回答了巴黎科學院的提問，並共同獲獎。使用數學方法說明兩件事物，比如地球和月亮的相互吸引，相對來說比較容易。但現實中，太陽、行星和其他物體的聯繫千絲萬縷，此時數學方法就不那麼遊刃有餘了。

巴黎科學院也參與討論了牛頓學說的第二個重點問題：地球是個圓球嗎？很明顯，它的表面並不像桌球那樣光滑，而是有著高山和峽谷。那麼它的形狀基本上是圓的吧？牛頓的回答是否定的，他證明了在赤道和北歐的重力大小有少許差別。為此，他做了一個鐘擺的實驗，鐘擺受地球重力的影響來回擺動；重力越大，擺動越快，所以完成一個擺動所需的時間越短。船員準確地測量了鐘擺一秒鐘掃過的距離，比較後發現，在赤道地區鐘擺掃過的距離稍短。這個結果告訴牛頓，從赤道到地球中心的距離更遠一些。如果地球是個標準的圓球，那麼任何地方到球心的距離應該相等。牛頓的結論是，地球實際上像被壓過一樣——南北兩極扁，赤道微微隆起。他認為這是地球從液體狀態冷卻成形的最初階段繞南北軸旋轉的結果。牛頓暗示，這意味著地球的年齡超過六千歲，但他從來沒有告訴我們他認為地球到底有多老。

一七三〇年代，法國科學家探討牛頓的結論時，很多人拒絕相信地球的形狀如此怪異。所以法國國王路易十五派出兩支考察隊，一隊前往北極圈附近的拉普蘭，另一隊到赤道附近的祕魯——如此大費周折只是為了驗證一個簡單的事實。他們要分別測量出這兩處緯度一度的準確長度。緯度是地球南北軸的測量標準，赤道是零度，北極是正九十度，南極是負九十度。（一圈正好是三百六十度。）在世界地圖上，你會看到一條條緯線從這邊連到那邊。如果地球是正圓形，所有緯度每一度應該都一樣長。

最後，拉普蘭隊（他們不需要長途跋涉）比祕魯隊早回來九年，測量出的數值也大一些，與牛頓的猜想完全吻合。牛頓因此在歐洲大陸聲名鵲起。

・因為牛頓，萬物皆有規律可循

全歐洲的天文學者都想透過觀察恆星和行星，來預言它們的運動軌跡和每晚（或者每年）它們即將出現的位置。隨著觀測次數的累積和數學分析法準確率的提高，他們的預測越來越準。天文學家架起更大的望遠鏡看向更遠的太空，發現新的恆星，乃至新的銀河系。其中最著名的是從德國到英國避難的威廉・赫雪爾[15]。他是一名酷愛天文的音樂家。一七八一年的一個晚上，他觀察到一個新東西，他肯定那不是恆星。起初，他猜那可能是一顆彗星，並且向當時居住的巴斯當地天文學團體進行彙報。眾人舉目觀望，很快證實那是一顆新的行星，最終以希臘神話人物將其命名為天王星。

新發現改變了赫雪爾的人生，促使他全心致力於天文學。英國國王喬治三世的家族也出自德國王室，很關注赫雪爾的研究。在他的贊助下，全世界最大的望遠鏡得以問世，赫雪爾搬到了靠近溫莎皇家城堡的地方定居。從那以後，赫雪爾一心全在天文上，從沒有錯過一次夜間觀測。赫雪爾的妹妹卡羅琳（Caroline Herschel，一七五〇－一八四八）是他的得力助手，後來也成為天文學家。他的兒子約翰・赫雪爾（John Herschel，一七九二－一八七一）子承父業。赫雪爾一家成了名副其實的天文之家。

威廉・赫雪爾不但觀測恆星、行星和其他天體，而且還對它們進行深入分析。他擁有當時最先進的望遠鏡，所以看得更遠。他編寫的星表更全面更準確，史無前例。他察覺到我們所處的銀河系不是宇宙中的唯一；他鍥而不捨地分析「星雲」——天空中模糊的白色絮狀帶。肉眼在晴朗的夜晚偶爾可以看見其中的幾塊，而赫雪爾透過望遠鏡能看到更多。如果我們目不轉睛地盯著銀河系深處，它就變成了模糊一片，因此天文學家一直認為星雲就只是恆星群集。赫雪爾卻宣稱，也許有一些是，

15 威廉・赫雪爾（William Herschel，一七三八－一八二二），英國天文學家、音樂家，被譽為恆星天文學之父，為英國皇家天文學會第一任會長。——編注

但其他的則是星雲在太空深處翻滾的龐大氣團；他看見的「雙星」——兩顆離得很近的恆星（是的，它們很「近」。不過別忘了我們比較的範圍），證明這是重力相互吸引的結果：牛頓提出的重力由此被延伸到外太空。

牛頓的重力理論和運動定律、對力（能量）的數學分析、加速度和慣性（保持物體直線運動的趨勢）成為十八世紀自然哲學家的指導原則。有一個法國人把這些理論運用得爐火純青，無人能及，他就是皮耶－西蒙．拉普拉斯[16]。拉普拉斯在法國革命中毫髮無損，比他的同行拉瓦節（Lavoisier，我們把這個人放在第二十章介紹）幸運得多。由於受到拿破崙的器重，他主導了法國科學界長達半世紀之久。拉普拉斯結合牛頓運動定律和自己的數學方法來證明，人們能在天空中看到的就是能被解釋的，行星、恆星、彗星和小行星的運動趨勢也可以被準確預測。他發展了一套包括太陽和其行星在內的太陽系理論：太陽系誕生於幾百萬年前的一次超級大爆炸，之後太陽一直釋放出大量炙熱的氣體，這些氣體逐漸冷卻形成行星（和它們的衛星）。他將其稱作「星雲假說」，並用相當複雜的數學計算加以論證。拉普拉斯描述的正是我們所說的「大爆炸」（參閱第三十九章）。當然現在的物理學家比他知道的豐富得多。

拉普拉斯對牛頓運動定律推崇備至，他認為，倘若我們抓住時機知道宇宙每一個微粒的位置，

16 皮耶－西蒙．拉普拉斯（Pierre-Simon Laplace，一七四九－一八二七），法國數學家、天文學家和物理學家。以對太陽系穩定性的研究以及關於磁、電和熱傳導的理論而聞名。——編注

那麼就能預測出整個宇宙的最終歸宿。然而他明白這是不可能實現的。他只不過是要說明萬物皆有規律可循，宇宙的運轉就像一座精緻的大鐘，分秒不差。他這個「宇宙鐘錶機械論」影響了此後一百年間的科學家。

· 19 ·

為世界排序

我們的星球是形形色色的動物和植物的家園。我們一直無法確切知道地球上到底有多少昆蟲或海洋生物，倒是一直擔心人類在無休無止地減少牠們的數量。像大貓熊和印度虎這樣的「瀕危物種」幾乎每天出現在新聞上。我們普通人看重的是「瀕危物種」中的「危」，但對科學家來說，「物種」也同樣重要。我們怎麼知道大貓熊和灰熊不是同一種動物？怎麼區分野貓和我們迷戀的寵物貓？

亞當在《聖經・創世記》裡的任務是為伊甸園裡的動植物命名。不同的人類群體對身邊的生物界有不同的組織整理方式。無論植物（種植的抑或採集的），還是動物（充當運輸工具或者供肉供奶），在人類的各種語言中都有各自的名字。

十七至十八世紀間，歐洲探險家從世界各地帶回新種動植物：它們來自南美、北美、非洲、亞洲、澳洲、紐西蘭，還有汪洋中的島嶼。很多新物種和「舊世界」人們熟悉的動植物千差萬別，但是人們經過仔細的研究發現，其中很多都是萬變不離其宗。比如，印度和非洲的大象很相似，似乎更適合用同一個名字。當然，它們存在些微的差別。我們應該怎樣對待千變萬化的自然中這些微小的差異呢？

這裡有兩個古老的基本答案。一個答案是：「地」大物博，在地球上遙遠的地方找到不計其數的新物種不值得大驚小怪。他們認為這些新發現只是充實了博物學家的「存在巨鏈」。（你可以回到第五章重溫一下）。信奉該學說的人辯稱，無所不能的上帝已經創造出一切可能的物種。大海裡的鯨魚和海豚看起來像魚，但牠們像陸生動物一樣呼吸和生育；蝙蝠有鳥一樣的翅膀，會飛行，但是不產卵。博物學家用生存巨鏈的不同環節解釋千奇百怪的動植物，所以他們看到一種動物帶有其他動物的特徵一點也不驚訝。有一種由來已久的說法，說這條巨鏈上有「遺環」（missing link），也許當一塊重要的新化石被發現的時候你就會聽到這種說法。第二個答案是：上帝最初創造動植物的時候，每種只有一個。我們看見的自然多樣性是代代更新的結果。橡樹長出橡實孕育幼苗、幼苗成樹、樹再成林；貓生出小貓、小貓長大又生貓，無窮無盡。一代、百代，甚至千萬代，樹和貓的分支越來越多。日積月累的變化導致了形形色色的自然界，但是追根溯源，每一種動物和植物都有上帝創世的雛形。如果畫張圖展現上帝的意圖，那就是一棵「生命之樹」。

・為地球上每一種東西準確命名

十八世紀有兩位博物學家在這些問題上獨占鰲頭，恰巧他們還各執一詞、互不相讓。一位是富有的法國貴族布豐伯爵（Comte de Buffon，一七〇七—一七八八），原名喬治—路易・勒克萊爾（Georges-Louis Leclerc），他把自己的一生奉獻給科學。他半年住在自己家，半年待在巴黎，管理那裡的皇家花園——它更像現在的動物園或者是野生動物園。早期，他是牛頓的超級崇拜者，欣賞牛頓的物理和數學理論，後來，他把自己漫長一生的主要精力傾注在對自然界的觀察上。他的目標是描述地球和它上面的全部生物。他把周密的研究成果完整地收編成書，一共一百二十七卷，簡潔地將其命名為《自然史》（*Histoire naturelle*）。那時「史」還有「描述」的意思。布豐在這些內容裡記錄了他所瞭解的每一樣動物（和少量植物）。

布豐對動物的描寫可謂鉅細靡遺：它們的身體結構、運動方式、飲食、繁殖、對人類的意義等。這是一個盡可能在動物的環境裡觀察動物的絕佳嘗試。他在書中收錄了大量已知的哺乳類、鳥類、魚類和爬行類動物。布豐從一七四九年開始一卷接一卷地埋頭苦寫，差不多用了四十年才完成這本鉅作，每次讀者都捧著新書如飢似渴地等待下一卷。《自然史》有大部分歐洲語言的譯本。

布豐如醉如痴地對待他每一隻動物的每一個特徵。他著名的口頭禪「自然只認識個體」，意在表明自然界中沒有排序，無非是很多獨立的植物和動物。人類想方設法把它們分門別類，只是為了滿足自己的需求。有關「存在巨鏈」的說法，他認為自然物種的數量如此龐大，因此對它的研究必須以一次一個物種來進行。

布豐的勁敵是瑞典醫生兼博物學家卡爾．林奈（Carl Linnaeus，一七〇七－一七七八）。他雖然學醫出身，但真正的興趣是植物。他大半生都在瑞典北部的烏普薩拉大學（University of Uppsala）當教授。他在那裡守著一座植物園，派學生到世界各地去收集動植物。有些學生死在旅途中，但他的追隨者為了他宏偉的目標前仆後繼：要為地球上每一種東西準確命名。為了命名的需要，林奈將它們進行「歸類」，也就是定義它們的基本特徵，這樣就可以把它們歸入「自然序列」裡。一七三五年，二十多歲的林奈出版了一本小書《自然系統》（*The System of NatureSystema Naturae*）。這本小書實際上是按照「屬」把所有已知動植物進行分類。他不斷對動植物名單進行擴充，尤其是增補了那些他的學生遠渡重洋到美洲、亞洲和非洲等地的發現。在他有生之年，這本書一共發行了十二版。

・建立簡單規則，替世間萬物排序分類

從古希臘開始，博物學家就一直困惑於世間萬物是不是有「自然」的分類。它們是永恆的嗎？是上帝讓它們彼此相通嗎？倘若真是如此，怎麼證明呢？在基督紀年裡，最盛行的推斷是上帝在「創世之初」創造了動物和植物的各類物種，然後讓亞當為它們命名，我們現在看到的不過是時間和機遇的產物。

林奈支持這個觀點，但是他意識到動植物和它們最初的樣子已經相去甚遠。這種變化使「自然」分類難上加難。他認為首先應該建立一些簡單的規則為世間萬物排序分類，然後再用一個簡明的標籤界定它們。這是他的人生目標：他覺得自己就是第二個亞當，要給生物準確的名字。如果動物學家或植物學家無法明確知道「狗」的品種或者「百合花」的種類，他們怎麼討論呢？所以，林奈認為必須對自然分門別類，只有當一切都各就其位，才可以談科學研究。

林奈幾乎完成了所有的分類：礦物、疾病、植物和動物，而且勇敢地把人類加進了動物之列。事實上，我們一直沿用他啟用的生物學名稱「*Homo sapiens*」，意思是「智人」或「有意識的人」。很多以前的博物學家局限在所謂的「自然界」範疇裡，把人類排除在他們的研究體系之外。林奈的父親是一名牧師，他本人也是虔誠的信徒。他指出，既然沒有生物學的解釋說明人不是動物，那麼人就應該和狗、猴子一同被納入他的自然體系。

林奈在他的分類學（科學的分類術語）中提出了兩個重要的分類概念「屬」和「種」。他習慣用一個大寫字母表示「屬」（延續至今），小寫字母代表「種」：比如人的命名「*Homo sapiens*」。同一「屬」的動植物群比同一「種」存在更多類似的基本特徵。比如，「貓屬」有很多不同的種，既包括我們養的家貓（寫成 *Felis catus*）也包括野貓（寫成 *Felis silvestris*）。（那時每個人在學校都學拉丁文，為了便於理解，所以他使用拉丁文命名。*Felis* 表示「貓」，*catus* 是「乖巧的」意思，*silvestris* 表示「叢林的」。）

林奈知道生物間有不同程度的相似性或差異性。他在這個龐大體系的最上層設置了三個「界」（*kingdom*）：植物界、動物界和礦物界。其後逐層降低，依次是「綱」，例如「脊椎動物」（驢、蜥蜴等長有脊髓的動物）；「目」，例如「哺乳動物」（給幼子餵奶的動物）；接下來是「屬」，再來是「種」。在「種」之下，還有「變種」。在人類中，這種「變種」被稱作「人種」。當然，還有個體——一個人、一株植物、一隻動物都帶有獨特性，比如高度、雌雄、髮色或眼睛顏色、聲調。

但是你要把這些特徵放到群體中，而不是進行個體分類。後來的科學家發現，在林奈最初的體系裡增加額外的分級已迫在眉睫：比如「科」、「亞科」和「族」。獅子、老虎和家貓現在統統歸入貓科。個別植物和動物的全體組成了這個生機盎然的世界，這正與布豐堅持個體是唯一確定的基礎分類不謀而合。

林奈的分類法真正關鍵的是在「種」那一個層級。他創制了以植物花朵的雄雌區分植物品種的簡便方法。如此一來，植物愛好者就可以徜徉在森林原野識別植物了。他的性別體系雖然只涉及植物，但還是惹惱了一些人，而且有人寫了幾首含蓄的豔詩諷刺他。不容置疑的是，他的植物分類法行之有效，切實提升了植物學的地位。林奈去世後，一名英國富人收購了他珍貴的植物收藏，建立了倫敦林奈學會。林奈學會歷經二百多年，至今仍然十分活躍。

我們還在大量使用林奈的動物和植物分類名。其中一個是包括人類在內的動物類別：「靈長目」。我們和猿、猴子、狐猴等其他與我們有諸多共同特徵的動物共同屬於這一目。林奈不相信某一物種可以進化成另一物種：他堅信上帝造物時嚴格區分了動植物的種類。不過，他意識到人類是自然的一部分，人類研究自然時所遵循的法則也同樣適用於對人類自己的瞭解。對博物學家而言，準確理解我們所說的動植物群是哪個生物物種，一直是件棘手的事。一個世紀後，有一位迷戀植物的博物學家修改了林奈的架構。這個人就是查爾斯・達爾文（Charles Darwin）。我們將在第二十五章講述他的故事。

· 20 ·

氣和氣體

「氣」是一個非常古老的詞。「氣體」則要年輕得多，只有幾百歲，從氣轉換成氣體非同小可。在古希臘，氣是四大基本元素之一，只是一種「東西」。但是十七世紀時，羅伯特・波以耳的實驗動搖了這個說法，科學家們開始相信包圍著我們、供我們呼吸的氣不是由一種物質組成的。從那以後，許多化學實驗更容易理解了。大量的實驗中都出現過冒個泡或者像吹口氣一樣在空氣中消失的東西。有時候似乎是實驗改變了氣的屬性：化學家常常製造出氨氣，薰得眼睛流淚；或者是硫化氫，有股臭雞蛋的味道。他們還不知道怎樣收集這些氣體，所以很難一探其究竟。艾薩克・牛頓闡述過測量的重要性，可是要衡量飄散在大氣中的氣體仍是一道難題。

所以，化學家們必須想方設法收集純淨的氣體。最普遍的方法是在一個小的密閉空間裡，比如在一個密封的瓶子裡操作實驗。這個封閉的空間由一根試管連在一個裝滿水的倒置容器上。如果氣體沒有溶入水裡——有些氣體會溶入——它就會在上面汩汩冒泡，把水壓下去。牧師史蒂芬・海爾斯（Stephen Hales，一六七七－一七六一）極富創造力，他發明了一個非常實用的「水缸」收集氣體。他是個長壽的人，一生大部分時間在特丁頓（Teddington）[17]當教區牧師，剩下的時間待在鄉下的一個小村莊，那裡現在歸屬於倫敦。他謙和靦腆、好奇心極強，是個執著的實驗員。他的某些實驗讓人望而生畏：為了測量馬、羊和狗的血壓，他直接把一根空管子插進牠們的動脈裡，另一端與一根

17　特丁頓是英國國家物理實驗室所在地。——譯注

長長的玻璃管相連，簡單地測出血液的升高值，也就是血壓。用於測試馬的血壓的玻璃管子必須長達二百七十公分才能防止血液噴湧而出。

海爾斯還觀察植物裡汁液的流動，測量了植物各部分的生長。他定期用墨水在植物的莖和葉上標記小點，然後記錄植物長高之前和之後小點間的距離。他證明了植物各部分生長速度不均。接下來，海爾斯利用他收集氣體的器具測試植物在不同環境下的反應。他觀察到它們在呼吸「空氣」，也可以說是大氣。（一七二七年，他的《植物靜態學》〔*Vegetable Staticks*〕一書為後來光合作用的發現奠定了基礎。植物吸收陽光作為能量的來源，把二氧化碳和水轉化為糖和澱粉，並「呼」出氧氣，這就是光合作用。這是我們這個星球上最基本的進程之一。我們講得有點超前了，那時還沒有人知道氧氣。）

・用各種方式研究氣體的化學家們

還記得「pneuma」（靈氣）這個詞嗎？在第六章出現過，它的英文形容詞「pneumatic」指的是和「氣」有關。十八世紀最重要的科學研究之一就是「氣動化學」（pneumatic chemistry）——研究氣體的化學。（你注意到我說的是「氣體」而不是「空氣」了嗎？）源起於一七三〇年代的氣動化學，不僅僅意味著科學家放棄了有關「氣」的舊學說，接受了它是多種氣體組合的新思路，而且證明了在適當的條件下，多數物質能以氣體形式存在，或者可以被轉化成氣體。

史蒂芬．海爾斯用他的「水缸」演示實驗表明植物和動物一樣需要氣。這個「氣」在那時代表的是物體燃燒時釋放出的一種氣體。蘇格蘭醫生兼化學家約瑟夫．布萊克（Joseph Black，一七二八－一七九九）在容器中收集這種「氣」（他將其稱作「混合氣體」）後，分別將動物和植物移入容器內，結果顯示植物存活，動物死亡，說明動物的生存還需要其他的東西。布萊克的「混合氣體」現在的名字是二氧化碳（CO_2），我們知道它是動植物生命循環不可或缺的一部分。（還有一種「溫室氣體」是造成「溫室效應」的關鍵因素，同時導致全球暖化。）

貴族亨利．卡文迪許[18]離群索居，把自己關在倫敦宅第的私人實驗室整天做實驗、計算。他發現了更多的「混合氣體」，並且收集了另外一種非常輕、在普通的空氣遇到火花會爆炸的氣體，將其命名為「易燃氣體」。它就是氫氣，燃燒後的產物完全是純淨的水。卡文迪許還研究了很多其他氣體，包括氮氣在內。

約瑟夫．普里斯特里（Joseph Priestley，一七三三－一八〇四）聲名顯赫，他在氣動化學研究方面取得的成績無人能及。作為一名牧師，他曾經著書評論宗教、教育、政治和電學史。他加入了一

18 亨利．卡文迪許（Henry Cavendish，一七三一－一八一〇），英國物理學家和化學家，也在電學上做了大量研究，劍橋大學的卡文迪許實驗室即以他的名字命名。——編注

個新教組織——神體一位論派，相信耶穌只是聖明的導師而不是「上帝之子」。他是一名唯物主義者，主張運用理性方法解釋自然現象，無需「神靈」和「靈魂」之道。他支持法國革命，在革命的早期，一群擔心他的自由宗教觀和社會觀會把革命的浪潮引到英國的反對派，燒毀了他在伯明罕的房子。無奈之下，他逃到美國，在那裡度過生命中最後的十年。

普里斯特里是個閒不住的化學家。他用混合氣體製作蘇打水，下次你在喝氣泡飲料的時候應該想想他。他還定義了幾種新氣體，而且像所有氣動化學家一樣，他也想弄清楚物體燃燒的時候發生了什麼。他知道氣體參與了燃燒，還知道有一種特殊的「氣體」比我們周圍「普通的」氣體更有助於燃燒。他藉由加熱一種我們稱作氧化汞的物質製造出這種「氣體」，然後把它保存在「水缸」裡。他重複了前面提到過的混合氣體實驗，結果是這一次動物和植物在裡面都活下來了。他的新「氣體」與眾不同：事實上，它是很多化學反應的基本條件，比如呼吸和燃燒。他認為這些都要歸功於「燃素」，它是所有可燃物共有的一種物質，在燃燒過程中會被釋放出來。如果周圍的氣體被逸出的「燃素」完全充滿，那些可燃物就不會再燃燒了。

很多化學家借用這個燃素理論分析燃燒現象，並且解釋了有些「氣體」在密閉容器裡只能使物體燃燒一段時間的原因。科學家們發現燒過的鉛（燃燒後的剩餘物質）比原來的重，這說明鉛在燃燒過程中釋放出的「燃素」帶有負質量，也就是說，燃素能讓含有它的物質比沒有它的物質輕。

大多數物體燃燒時產生的氣體很難被收集和秤重。比如，一根小木條燃燒完的灰燼明顯比原來的木條輕了；要計算燃燒後產物的總重量，揮發氣體的重量必不可少。

在普里斯特里的理論裡，「燃素」相當於我們所說的氧氣，但是它們的特性截然不同！普里斯特里認為，物體燃燒可以甩掉「燃素」減輕重量；而我們認為物體含有氧氣，並且在燃燒後增重。蠟燭在密封的容器裡會熄滅；老鼠和小鳥在只有一般空氣的密閉環境裡也堅持不了多久。普里斯特里對此的解釋是氣體被「燃素」充滿了，我們的解釋是氧氣耗盡了。這提示我們雖然有可能做出嚴謹的實驗和縝密的測量，但是對結果的分析卻因人而異。

・在元素和化合物間畫出了清晰的界線

安東萬－洛朗・拉瓦節（Antoine-Laurent Lavoisier，一七四三－一七九四）是「現代化學之父」，氧氣就是他命名的。在法國大革命時期，他被捕、被審，又被送上斷頭臺。他的慘死並非由於他是化學家，而是因為他是「收稅官」。在法國革命前，富人可以向國家買到收稅官的職務，進而名正言順地私斂錢財。這是一個腐朽的體制，但沒有證據表明拉瓦節濫用職權。事實上，那時他大部分時間都在從事政府重大的科學和技術研究，他調查了數目可觀的製造業和農業的重要問題。但是，革命者痛恨他的貴族身分和階層，他因而為此付出了代價。

拉瓦節和普里斯特里、卡文迪許等氣動化學家一樣是實驗的先鋒。拉瓦節夫人和他志同道合，也非科學界的等閒之輩。瑪麗－安妮・皮埃雷特・保利茨（Marie-Anne Pierrette Paulze，一七五八－一八三六）自十四歲嫁給拉瓦節（他當時二十八歲），就開始陪他在實驗室裡做實驗、查資料、記錄實驗結果。同時她是一名熱情的女主人，兩人時常邀請飽學之士一同交流最新的科技發展。他們是志同道合的美滿夫妻。

拉瓦節在求學時就熱愛科學，很小的時候就表現出銳意進取的科學志向。當時研究化學的學生大多是伴隨著燃素概念成長的，但是拉瓦節揭示了燃素很多邏輯和操作上的瑕疵。他決定用一流的實驗設備確保結論的準確性，於是他和妻子聯手開始革新改造。他用精密的天秤秤取實驗物質的重量，用幾種不同方式的實驗確認物體燃燒後的重量，最終相信燃燒產物的總重量是增加的。他的實驗包括了收集燃燒時產生的氣體並計算其重量。

拉瓦節一直堅持對人類（和其他動物）的呼吸進行研究。大量實驗結果充分證明主導燃燒和呼吸的不是燃素，而是同一種純元素，而這種元素似乎也參與了酸的形成。化學家對這種酸鹼（「鹼」後來一度被稱為「鹽基」〔bases〕）化學反應樂此不疲。還記得羅伯特・波以耳發明的石蕊試紙嗎？拉瓦節把它發揚光大。他認為氧氣（代表「酸的構成者」）是酸中不可或缺的元素，酸一定包含氧，現在證實這是個錯誤（強酸之一的鹽酸含有氫和氯，而沒有氧）。不過他有關氧氣的很多論述經得起歷史考驗。現在大家都知道，燃燒和呼吸需要氧氣，這兩個過程雖貌似不同，實際上卻有太多的相通之處。人類利用氧氣「燃燒」或者轉化吃進去的糖和其他食物，以供給身體維持正常運轉的能量。

一七八〇年代，拉瓦節夫婦潛心於他們的化學實驗。一七八九年，法國大革命爆發前夕，拉瓦節最著名的書《化學基本論述》（*Elements of Chemistry*）面世。這是第一本現代化學教材，提供了豐富的實驗和設備資訊，還有他對化學元素性質的分析。現在對「元素」的定義是化學實驗不能將其進一步分解的物質；而「化合物」是元素的合成體，透過正確的操作可以將其分解。所以，由氫和氧這兩個元素組成的水是化合物。這就是拉瓦節傑作的核心。他的元素表，或者叫作「單一物質表」，令人驚喜地羅列了光和熱等內容，但遠沒有現在的這麼齊全，因為那時還有很多元素尚未發現。但他在元素和化合物間畫出了清晰的界線，為瞭解兩者的差異奠定了基本架構。

拉瓦節對化學用語的嚴謹執著彌足珍貴。他和同事一起規範了化學語言，教導化學家描述縝密的科學必須字斟句酌（林奈肯定雙手贊同），必須具備區分實驗中化合物和元素的能力，只有這樣，全世界的化學家才能彼此溝通瞭解，把握真相。他寫道：「我們只能依靠客觀的語句思考。」拉瓦節之後的化學家們逐步統一了專業術語。

· 21 ·

物質碎片：原子理論

「原子」曾經聲名狼藉。你不會忘記古希臘人的說法吧：原子是宇宙的一部分，它行蹤不定、沒有目標。那麼，在原子理論廣為人知的今天，我們為何對世界由原子構成這一說法深信不疑呢？

現代概念上的「原子」是值得尊敬的貴格會教徒約翰·道爾頓（John Dalton，一七六六－一八四四）提出的。他是織工的兒子，在出生地英國湖區附近的一所名校求學。他展現出極高的數學和科學天賦，受到一位盲人數學家的鼓勵而立志獻身科學。當時的曼徹斯特在早期工業革命時，是個發展快速、欣欣向榮的市鎮，工廠製造開始主導各種產品的生產。道爾頓在附近定居，擔任講師和家教。他患有色盲，也是第一個發表論文描述色盲症的人。因為他的緣故，有很多年色盲症被稱作「道爾頓症」。如果你認識色盲症患者，他很可能是男生，因為女生很少得這種病。

羞澀的道爾頓終身未娶，他覺得曼徹斯特文學和哲學學會就是自己的家，活躍在那裡的會員們就像他的家人。十八世紀後期有許多類似的協會，它們遍布歐洲和北美城鎮。電學家班傑明·富蘭克林就是費城美國哲學學會的創辦人之一。是的，我們現在把「自然哲學」改稱「科學」了。曼徹斯特學會名字中的「文學」提醒我們，科學還沒有和文學活動分道揚鑣；會員們聚集在一起聽取各類主題報告，從莎士比亞戲劇到考古，再到化學。化學家對化學家、物理學家對物理學家的專題時代還沒到來。範圍這麼廣闊的話題該有多熱鬧啊！

道爾頓是曼徹斯特科學界的重要人物，他的成就逐漸獲得整個歐洲和北美的讚譽。他在化學領域做過一些重要的嘗試性工作，不過他的聲望建立在他的化學原子論上。早期的化學家已經證明化學物質相互作用的結果是可以預見的。在普通的空氣（含有氧氣）裡，氫氣「燃燒」時的產物通常是水，如果你仔細地測量一下，將會發現組成水的兩種氣體比例總是一致的。（不要在家裡試，因為氫氣極易點燃，引發爆炸。）其他的氣體、液體和固體參與的化學實驗也常出現這種規律性，這是什麼原因呢？

・每一種元素都帶有一種原子

在上一個世紀，拉瓦節認為這是因為物質的基本單位——元素——不能再被細分。道爾頓則把物質的最小單位叫作「原子」。他堅信一種元素帶有一種原子，和別的元素的原子迥然不同。他想像出的原子微乎其微，是個實心的小東西，被熱能環繞著。原子外圍的熱能正好解釋了原子和不同原子連在一起組成的化合物各具形態的原因。比如，氫氣和氧氣的原子是以固態冰的形式存在（熱能最少的時候），或是以液態水的形式存在，抑或以水蒸氣的形式存在（熱能最多的時候）。

道爾頓用剪紙模型展示了他的原子。為了節省空間和時間，他在剪紙板上用符號記下化合物的名字和它們之間的相互作用（就像他在發一則現代簡訊一樣）。最開始的時候，這個體系脈絡不清，很難被引用。但是正確的思路是不會被埋沒的，化學家們逐漸採納了用首字母代表元素（也就是道爾頓的原子）的標記法。所以「H」代表氫，「O」代表氧，「C」代表碳。有時為了避免歧義，還要多加一個字母。比如，後來發現的「氦」不能再用「H」來表示，因此寫成「He」。

道爾頓原子理論的魅力在於，它讓化學家們知道了如何去研究這些肉眼無法觀測的微小物質。如果一種元素的所有原子都一模一樣，那麼它們的質量也應該不差分毫，這樣化學家就可以透過比較得出單個原子量。他們可以計算出不同種原子組成的化合物裡每個原子的相對質量。（道爾頓還沒有準確測量出每一個原子的質量，所以原子量只能經由比較得出。）道爾頓帶頭走到這裡，但他也有迷路的時候。比如氧和氫結合生成水，他便推測水是由一個氫原子和一個氧原子合成的。基於他自己認真的測量，他得出氫的原子量是一（氫是已知最輕的元素），氧的原子量是七，所以它們的比值是一比七，即一：七。他習慣取整數，而且他計算出的相對質量也表明他是正確的。事實上，水的質量比更接近一：八。我們都知道每個水分子裡有二個氫原子，所以原子量的比例準確而言是一：十六——氫的原子量一對應氧的原子量十六。現今氧的原子量標準值是十六。氫的原子量保留了道爾頓原定的一。氫原子不但是宇宙中最輕的，而且是最多的。

道爾頓的原子理論透過展示元素或原子不同比例的組合建立了化學反應的概念。氫氣和氧氣在形成水的時候、碳和氧氣生成二氧化碳的時候、氮氣和氫氣合成氨氣的時候，都在發生化學反應。這種規律性和穩定性，加上日益精準的測量工具，使化學在十九世紀初期發展成為尖端科學，而道爾頓的原子理論則是它的鋪路石。

漢弗里・戴維（Humphry Davy，一七七八－一八二九）是這場化學革命的焦點人物。和低調的道爾頓不同，他高調、善交際。和道爾頓相同的是，他也來自勞動階層，就讀於康瓦爾郡的一所名校。他也是幸運的——曾拜一名住得不遠的醫生為師，學習如何成為一名家庭醫生，但是戴維使用導師的個人藏書來自學化學（還有自學外語）。後來戴維搬到了布里斯托，在一所用不同氣體治病的特殊醫療機構當助手。他在那裡做了一氧化二氮的實驗——也叫作「笑氣」，因為這種氣體會讓人情不自禁地想笑。戴維在一八〇〇年出版的書中寫道，吸入這種氣體後不會感覺到疼痛，並且提到了它的藥用價值，此書遂引起了轟動。一氧化二氮成了「消遣性毒品」，消費它的派對隨處可見。但是，又過了四十年，醫生們才採用他的建議。而直到今天，現代醫學和牙科偶爾還會用它作為麻醉劑。

・電池的誕生與化合物的新思路

戴維只有在倫敦這樣的大城市才能大展宏圖。他抓住機會，成為向中產階級普及科學知識的皇家科學院的化學講師。戴維在那裡如魚得水，盡情演示。他的化學講座知識性與趣味性兼備，因此人們蜂擁而至。他晉升為教授，研究收穫頗豐。他和其他化學家一起發現了「伏特堆」的化學用途——第一個電池誕生了。他把化合物製成溶液，然後分析電流通過「堆」在裡面傳導的現象。他在很多溶液裡觀察到，元素和化合物不是附著在「堆」的正極上，就是附著在負極上。他用這種方法鑑定出幾種新元素。比如鈉和鉀，它們堆積在負極。鈉是化合物氯化鈉的成分之一，是讓海水嚐起來鹹鹹的原因，也是我們做飯要加的調味品。每當發現新元素，戴維都會透過實驗計算出它們的相對原子量。

化學家受到「伏特堆」正負兩極的啟發，找到了研究原子和化合物的新思路。帶正電荷的物質跑向負極，帶負電荷的奔向正極，這解釋了元素間相互結合的自然傾向。瑞典化學家永斯．雅各布．貝吉里斯（Jöns Jacob Berzelius，一七七九－一八四八）納入這個事實，形成了他著名的化合作用理論。貝吉里斯雙親早逝，童年生活艱苦，由親戚輪流把他帶大，但他最終成為歐洲最具影響力的化學家之一。他在接受醫生培訓的時候體會到化學研究的樂趣，於是在他居住的瑞典首都斯德哥爾摩找了一份與化學相關的工作。他經常四處遊歷，尤其是到化學家的鍾愛之地巴黎和倫敦。

貝吉里斯和戴維一樣利用「伏特堆」觀察溶液裡的化合物，並且發現了幾種新元素，進而公布了帶有更準確原子量的新元素名單。他透過對新合成物和分解物的周密分析與測量，計算出它們的原子量。他在一八一八年的原子量表裡列出了四十五種元素的原子量和二千多種已知化合物的組合，氫的原子量仍然是一。正是貝吉里斯推廣了道爾頓用第一個或前兩個字母命名元素的原則：碳「C」、鈣「Ca」等。這樣做簡化了化學反應的表達方式。同時他建議若組成化合物的元素含有多個原子，那麼應該在字母後面加上數字。他把數字標在字母上方，而現在的科學家把它移到了下方：

O_2表示有二個氧原子。除此之外，他寫的化學式幾乎和我們現在的如出一轍。

相對於有機化合物，貝吉里斯更擅長無機化合物。「有機」化合物是指含碳的生命體，比如糖和蛋白質。通常有機化合物比無機化合物更複雜，它們的化學反應與貝吉里斯大量實驗的酸、鹽、礦物質大相逕庭。他認為不能照搬實驗室裡的結論，以偏概全地解釋人體（或者其他生命體，比如大樹和乳牛）內所發生的各種反應。在貝吉里斯的年代，法國和德國發展了有機化學。雖然他沒有和法德兩國的化學家走得很近，但的確為他們的研究做出了貢獻。首先，他把有機化合物裡的一種必需物定義為「蛋白質」。其次，他意識到很多化學反應要在有第三種物質出現的時候才能發生，他把這個第三者稱作「催化劑」。它能參與反應，通常是加快反應速度，但它自身在反應中沒有發生實質的改變，不隨其他化學物質重組或分解。催化劑遍布自然界，破解它的功能從此成為很多化學家的目標。

在歐洲其他地方，化學家舉一反三地利用「原子」來推進他們的科學研究。儘管如此，還是有很多未解之謎困擾著化學界。一八一一年，義大利物理學家阿莫迪歐．亞佛加厥（Amedeo Avogadro，一七七六－一八五六）提出了「亞佛加厥假說」，宣稱同體積的氣體在相同的溫度下分子數相同。這意味著用他設立的公式可以直接計算出氣體的分子量。同行們認為這個說法太武斷，對它漠視了將近四十年。但是他的定律或者叫作「假說」意義深遠，它修訂了道爾頓的原子理論，解釋了備受關注的氣體之一——水蒸氣——的奇怪特徵。化學家們假定，一個水分子包含一個氫原子和一個氧原子，可是為什麼不能在定量的水蒸氣中測出與此對應的氫和氧的體積呢？對此化學家們困惑已久。現在真相大白，這是由於水蒸氣裡每兩個氫原子對應一個氧原子。化學家們發現，包括氫氣和氧氣在內，自然界裡有很多氣體不是以原子狀態存在，而是以分子形式存在：兩個或更多個原子結合在一起，就像我們說的H_2和O_2那樣。

如果你相信道爾頓的原子論和貝吉里斯的元素的原子有正負之分的話，那麼亞佛加厥的理論就顯得說不通了。兩個帶有負電荷的氧原子怎麼能接在一起呢？這些問題注定了亞佛加厥的努力被長期忽略。許久以後很多化學家才幡然醒悟，他的研究成為我們闡釋化學原子的基礎。科學總是這樣：當歲月終於拼湊起所有的碎片時，一切便都變得有意義了。

· 22 ·

力、場和磁

道爾頓的原子論是現代化學的基石，但還有別的角度來看原子。首先，它們除了組成化合物之外還有很多事可以做。戴維和貝吉里斯都曾聰明地利用了溶液裡的原子在有電流通過時聚集在正負兩極的特徵：原子也是「電」的一部分。為什麼在海水試劑裡的鈉原子總是會靠近負極，而氯會移向正極呢？

十九世紀初是對這類問題進行大辯論的時代。麥可・法拉第（Michael Faraday，一七九一—一八六七）是其中重要的一員。大名鼎鼎的他出生在一個普通家庭，只接受過基礎教育。年輕時他當書本裝訂學徒，接觸到科學，從此如飢似渴地閱讀身邊所有可讀之物。一本流行的兒童化學讀物點燃了他對化學的想像。有一天，一名顧客在他工作的裝訂店裡給了他一張到皇家科學院聽漢弗里・戴維演講的門票。法拉第一邊全神貫注地聽，一邊一字不漏地記筆記。講座結束後，他滿懷期待地把筆記拿給戴維看，戴維對筆記的準確性感到震驚，但是他勸告法拉第，對於一個養家餬口的人來說，裝訂書本是個不錯的行業，他那裡沒有科學相關工作的空缺。

這之後不久，皇家科學院解僱了一名實驗室助理，戴維便把這個機會給了法拉第。法拉第把餘生奉獻給皇家科學院，讓它成為一個聲譽卓著、大有作為之地。早期他在皇家科學院的時候，負責替戴維解決化學問題。儘管他在實驗室裡出類拔萃，卻一直堅持廣泛的科普閱讀。作為一名虔誠的新教徒，他為自己的教會做了很多事，同時宗教信仰也影響了他的科學研究。簡單來說，他認為是上帝把宇宙創造成現在這個樣子，但是人類有能力揭開宇宙萬物和諧共存的奧祕。

法拉第進入皇家科學院不久，便陪同戴維夫婦前往歐洲旅行。十八個月的旅程中，戴維貴族身分的妻子一直待法拉第如僕人，但是他有幸結識了很多歐洲科學界的頂級人物。回到倫敦後，法拉第和戴維繼續研究許多待解的實際問題：礦區爆炸的原因，如何改良船隻的銅製船底，以及玻璃的光學特徵是什麼？戴維對權力的熱中給了法拉第獨立發展的機會，法拉第轉而研究自己關注的電和磁的關係。

・電磁學和電能轉換

一八二〇年，丹麥物理學家漢斯・克里斯提安・厄斯特（Hans Christian Oersted，一七七七－一八五一）發現了電流的磁效應：控制電流可以產生磁「場」。磁力早已廣為人知，鐵指針總是指北的羅盤也一直為人所用。航海員使用羅盤的歷史比哥倫布發現美洲早很多，自然哲學家深陷為什麼只有少數物質（比如鐵）能夠被磁化而多數不能的困惑之中。事實上，羅盤保持一個固定指向，意味著地球本身就是一塊巨大的磁石。

厄斯特的電磁學引發了新的科學浪潮，法拉第迎接挑戰。一八二一年九月，他為科學史上最耀眼的實驗又添一筆。他用電線圈住一根小磁針，電流通過的時候磁針不停地旋轉。電流經過電線圈時，創造的磁場持續地吸引小針，迫使它一圈一圈地打轉。法拉第領悟到它的非凡之處，稱之為「力線」（lines of force）。他首次把電能（電）轉換成機械能（旋轉磁針的運動或動力）。他為所有電動馬達提供了工作原理。洗衣機、CD播放機、吸塵器都是對電能轉換的日常應用。

法拉第在接下來的三十年矢志不渝地研究電和磁。他和世界上其他的天才實驗者一樣，縝密規劃、精心執行。他沒有學過數學，所以他的科學報告看起來更像是實驗記錄簿：詳述設備、操作過程和具體的觀察結果。他的研究加深了科學家對電荷在化學反應中所扮演角色的理解。一八三〇年代初期，他又發明了發電機和變壓器。他的發電機依靠一塊永久磁鐵在金屬圈裡進進出出而產生電流。他的變壓器則是利用一股貫穿鐵環單面線圈的電流，使另一面線圈產生短暫的電流。他知道這些實驗外表粗糙，卻內涵豐富。現在，電和磁的關係、電能轉換成力能，簡直在運轉著我們的世界。

法拉第始終保持著廣博的科學興趣，他經常出席科學活動，並且花費大量心血主持皇家科學院的運作。他開創了科學院聖誕講座的先河，至今仍風靡全球——你可能就曾在電視上見過講座。但是他的摯愛還是電和磁。他對電磁學的痴迷留給我們許多新的詞彙和許多有用的新發明。他甚至拿自己的發明開玩笑。曾有政治人物問他電的實用價值是什麼，他似乎是這麼回答的：「噢，先生，你有一百個理由可以馬上向它徵稅！」

在大西洋彼岸，電和磁的狂熱帶來了另一個改變世界的事物：電報。透過電線傳遞信號始於十九世紀初，但是第一份長途電報直到一八四四年才經美國人薩繆爾・摩斯（Samuel Morse，一七九二－一八七二）之手發出。他的訊息從華盛頓特區越過六十一公里傳到了巴爾的摩城（用的是以他的名字冠名的摩斯電碼）。電報通訊在全世界迅速發展：英國用它與遙遠的帝國前哨聯繫；人與人之間的快捷溝通得以實現；新聞的快速報導也成為了現實。

法拉第構思出「場」的概念以闡釋電和磁的神奇特性。以前的科學家曾嘗試用「領域」（影響力的範圍）來解釋神祕莫測的化學反應、電、磁、光和重力等問題，因為他們認為這些現象都是發生在特定的空間或者是領域裡，就好比每種競賽有專門的場館和賽場一樣。但法拉第利用這個理論作為電和磁的核心釋義，強調測量電、光和磁的能量範圍比反覆研究它們的本質更有意義，而且透過實驗可以證明電場的大小。

法拉第認為重力在真空裡無力可施。他判斷宇宙中充斥著一種叫作「以太」的超純淨物，所以不可能出現絕對的空無一物。物理學家和化學家把「以太」（和麻醉氣體乙醚毫無關係）當作很多事情的直接誘因。因此，法拉第的「磁場」和「電場」也可以被看作是電流和磁力刺激了構成「以太」的超純淨物的結果。順著這個思路，重力也容易理解了，否則只能像古老的鍊金術士那樣，相信它是超自然的魔力，而法拉第這樣的人是絕不會認同的。你既看不見「以太」，也感覺不到它的存在，但是物理學家卻認為它可以解釋實驗的結果。在英國，這個學說一直流傳到二十世紀初「以太」被證明是無中生有的時候為止。

歷史證明法拉第的很多力學成就潛能無限。後繼而來的物理學家不但加以擴大研究，而且用更準確的數學語言描述了在探索中遇到的電、磁和大量的物理界奇觀。法拉第是最後一位不用數學進行研究的物理學巨匠。

・各種鋪天蓋地的「波」

真正傳承法拉第研究成果的人是新一代數學物理學家詹姆斯・克拉克・馬克士威（James Clerk Maxwell，一八三一－一八七九）。馬克士威是可以和牛頓、愛因斯坦相提並論的人，也是名副其實有史以來最具創造力的物理學家之一。馬克士威出生於愛丁堡，並在那裡受啟蒙教育，後來進入劍橋大學。一八六〇年，他終止了在蘇格蘭短暫的教學工作前往倫敦國王學院，在那裡的幾年間他碩果累累。在此之前，他已經描繪過土星環，現在又發展出色彩理論，並且拍攝出第一張彩色照片。他對電和磁一直興趣盎然，最終把兩者合二為一。馬克士威身後的物理學家們用數學方式表達了電磁學。馬克士威本人用數學和方程式描述了法拉第的「場」。他的方程式證明電磁場有波浪般的傳播特性，這是物理學非常重要的發現。這種波以光的速度行進，現在我們知道太陽的光和能量都屬於電磁波。事實上，馬克士威成功地為我們預言了鋪天蓋地的「波」：收音機的無線電波、廚房裡的微波、彩虹上下的紫外線和紅外線，還有已經成為我們日常生活一部分的X射線和伽瑪射線。當然，剛才說的大部分都是後來才被發現的，所以可想而知，人們要過一段時間才能讚歎馬克士威的智慧。他的《電磁學通論》（*Treatise on Electricity and Magnetism*，一八七三）是二十世紀前繼牛頓的《原理》之後首屈一指的物理學鉅作。

馬克士威寫這本書之前，曾在劍橋組建卡文迪許實驗室，在隨後的幾十年間，那裡完成了大量重要的物理研究。但就在剛剛完成了氣體運動的主要研究後不久，他便英年早逝，去世時只有四十八歲。他用特殊的數學統計方法描述了氣體中以幾乎相同速度朝不同方向運動的無數原子，如何在不同的溫度和壓力下產生影響。他還用數學方法解釋了羅伯特．波以耳和羅伯特．虎克早年的結論。同時，他發展了「回饋機制」（feedback mechanisms）的基本概念：他把循環反覆的進程稱作「調節器」，這與二十世紀人工智能和電腦的發展技術息息相關。我們身體裡也有「調節器」。比如說，身體感覺很熱的時候就會出汗；而隨著熱汗蒸騰，身體涼爽下來。再比如，當我們冷的時候會顫抖，肌肉收縮產生的熱會溫暖全身。我們憑藉回饋機制維持恆定的體溫。

馬克士威的宗教信仰根深柢固，但這一點並沒有影響他的風趣幽默和對妻子的言聽計從。在晚宴上，他的妻子常常會對他說：「詹姆斯，你還意猶未盡吧？但是我們該回家了。」萬幸之至，她從來沒有打擾馬克士威在實驗室裡的樂趣。

· 23 ·

挖掘恐龍

我很小的時候分不清現實存在過的恐龍和幻想中的龍。從圖片上看牠們很像：同樣都是巨齒厚爪，身披鱗片，眼神邪惡，往往會主動發起攻擊。不用說，對這兩種生物最好都避而遠之。

然而，恐龍和龍真的是天差地別。龍在希臘神話裡、在英格蘭亞瑟王的傳說裡、在中國春節的遊行隊伍裡、在貫穿人類歷史長河的戲劇裡。即便牠們仍然魅力無限地出現在現代故事中，也只不過是人類想像的產物。龍從來沒有真正存在過。

恐龍就不一樣了，牠們真的存在過。牠們在地球上生活了很久很久，大約二億年前是牠們的鼎盛時期。雖然未曾與人類謀面，但牠們的骨頭留下了化石供我們研究。十九世紀初期，牠們的骨骼得以重見天日，這是科學史上不可磨滅的一頁。從地質學家開始，再到普通人，人們逐漸意識到地球的歷史遠比人類推測的要悠久得多。

一八二二年，法國人將化石研究命名為「古生物學」。「化石」是存活過的動植物的部分遺體在適當條件下慢慢演變成的石頭。在很多博物館裡可以觀賞化石，收藏化石也其樂無窮。不過現在尋找化石有些難度，因為輕鬆易得的化石已經被大量收集、研究或者陳列展覽出來了。但是在某些地方，比如英國南部海岸的小鎮萊姆里傑斯（Lyme Regis），隨著海浪侵蝕峭壁，時常有化石重見天日。

人類和化石打交道已經有數千年歷史。最開始，「化石」這個詞在英文中的意思就是「所有挖出來的東西」，所以「化石」可能是一堆古錢幣，也可能是陶器碎片或是一塊漂亮的石英岩。它們大部分埋藏在土裡，看起來像貝殼、牙齒或者動物的骨骼，因此，「化石」逐漸地只代表那些類似生物的東西。海洋生物的貝殼有時會出現在遠離大海的山頂上。通常那些堅硬的骨頭、牙齒和外殼貌似不屬於我們認識的動物。十七世紀，當博物學家開始探究化石真相的時候，他們提供了三種解釋。第一種，一些人認為這些形狀是自然界的特殊力量創造新物種失敗的產物。第二種，有些人推斷化石是我們未曾見過的動植物遺蹟。地球還有廣袤的未經涉足之地，在世界上渺無人煙的地方或是在海洋深處，一定能尋找到這些生物。第三種是一群學者提出的，他們宣稱這些是存在過但又滅絕的生物。如果這是真的，那麼地球肯定要比人類想像的古老很多。

・當化石研究走上科學之路

直到十八世紀，人們才賦予「化石」現在的定義：存在過的植物或動物石化的部分。法國科學家喬治・居維葉（Georges Cuvier，一七六九－一八三二）引導化石研究走上科學之路，並讓全世界接受了某些動物絕跡的事實。居維葉十分擅長解剖，尤其對比照不同種類動物的結構明察秋毫。他對魚類情有獨鍾，對整個動物王國博聞強識。他解剖過好幾百種動物，對比了牠們身體的不同部位，深究各個器官的功能。他認為動物就是活生生的運轉機器，每個部件各司其職。他同時意識到，動物的身體是整體協作的。例如，吃肉的動物長著犬齒（鋒利的尖牙），為的是撕碎獵物，牠們有良好的消化系統、健壯的肌肉和所有適合以食肉為生的配套特徵。但食草類動物，比如牛和羊的牙齒就是平的，這有利於研磨植物，牠們的骨骼和肌肉適合閒逛，而不是奔跑跳躍。

居維葉相信動物完美的身體結構發揮了協調的身體功能。在他看來，完全可以透過局部獲知動物完整的構造和生活模式。他說，既然發現一顆犬齒相當於找到一隻肉食性動物，那麼他便可以按圖索驥地研究化石。他和另外一名解剖學家全面考察了在巴黎附近採集的化石後發現，化石總是和當時當地的某類動物有相似之處，只不過經常在牙齒和骨頭上出現細微但顯著的差別。機緣巧合，人們在西伯利亞發現了一頭巨象的凍屍。居維葉檢查了這隻被叫作「毛象」的猛獁象後，宣布牠和任何已知的大象都不一樣，而且這種體型的動物倘若尚存於世，那麼人們一定見過牠的蹤跡。因此，牠一定是滅絕了。

自然學家利用一些動物（和植物）種類滅絕的理論化繁為簡地解讀了數目可觀的化石。此時兩個英國人偶然的發現，歪打正著地創造了史前世界的概念。其中一個是瑪麗．安寧（Mary Anning，一七九九－一八四七）。她是一個窮木匠的女兒，住在英國南部遭受海浪侵蝕的小鎮萊姆里傑斯，那裡是瑪麗尋找化石的首選之地。她還是個小女孩的時候就開始蒐集化石，把好的樣本賣給科學家和收藏家。她和哥哥約瑟用他們有限的知識開拓了化石的蒐集和銷售業務。一八一一年，他們找到一副奇怪生物的顱骨，另外還有很多骨頭，差不多有五公尺長，和已經發現的任何動物都不一樣。

牠被送到牛津展覽，因為長著可以在水裡游泳的魚鰭，於是很快有了名字「魚龍」（Ichthyosaurus），學名字面意思是「魚蜥蜴」。瑪麗接二連三地找到其他神奇的化石，包括酷似巨型龜卻沒有外殼痕跡的「蛇頸龍」（Plesiosaurus），學名的意思是「類似爬行動物」。瑪麗由此有了名氣和收入，但是隨著化石蒐集的盛行，競爭越來越激烈，瑪麗靠化石生意養家餬口越來越難。

瑪麗・安寧學識淺薄，賣掉化石之後就不聞不問。吉迪恩・曼特爾（Gideon Mantell，一七九○－一八五二）採取了另一種方式。他是一名家庭醫生，生活在蘇塞克斯郡的劉易斯（Lewes）。這裡同樣地處英國南部，附近的石灰石採礦場裡有很多化石。身為醫生，他具備豐富的解剖學知識和分析化石的能力。但是作為一個人口眾多的家庭的支柱，他的化石研究必須配合忙碌的行醫工作。他把自己的家變成了化石博物館，招來妻子的不滿。他還去倫敦向科學家們展示他的藏品，往往也是吃力不討好。

儘管困難重重，曼特爾仍堅持不懈，最終幾件絕世的怪獸化石使他滿載而歸。一八二○年代，他發現了一些前所未見的牙齒，這些牙齒的主人是「禽龍」（Iguanodon），學名字面意思為「有鬣蜥蜴（一種熱帶蜥蜴）一樣的牙齒」。一些他的仰慕者捐贈了他們找到的近乎完整的禽龍骨架。曼特爾還發現了身披鎧甲的「森林龍」（Hylaeosaurus），為巨獸曾經踏上陸地提供了證據。也有人挖掘出帶有鳥類特徵的化石。這個奇幻世界裡有各種生物，牠們在海洋裡，在陸地上，也在天空中生存過。

・改變了我們對這個久居世界的看法

我們在博物館裡欣賞這些重新組裝起來的維妙維肖的龐然大物時，往往難以想像那些使牠們重見天日的人付出的艱辛。那時，化石通常是支離破碎、殘缺不全的，可供參考的生物也屈指可數，編碼標記的現代技術還渺無蹤影，他們唯一能做的就是對比以前的發現來估計新找到的生物尺寸。比如，一根大腿骨，應該是大象或者犀牛這種大型動物的，所以估計尺寸是巨大無比。他們採用居維葉的理論重新拼湊零散的骨頭，並對動物飲食、活動方式、生活環境（水、陸、空）等等進行推測。隨著越來越多的恐龍得見天日和對早期地球生物瞭解的積少成多，他們與時俱進地修正自己的觀點。無論如何，他們的發現改變了我們對這個久居世界的看法。

「恐龍發掘者」讓大眾意識到地球歷史源遠流長，比人類更早的物種紛繁蕪雜。對古代世界的無限遐想創造了流行雜誌上千奇百怪的圖片。查爾斯・狄更斯一類的作者也會順勢提及這些巨大的爬行動物，因為他們相信讀者會了然於心。

「恐龍」（dinosaur）一詞最早出現在一八四二年，它的英文字面意思是「可怕的大蜥蜴」。不單單是英國，放眼全世界，新的恐龍種類層出不窮，牠們被快速融入地球生物史，恐龍生活在地球上的時間粗略地以發現牠們的岩層所處的時代計算。

理查・歐文（Richard Owen，一八〇四－一八九二）是將這些生物命名為恐龍的人，對恐龍的研究拓展了他的科學生涯。他是倫敦自然歷史博物館的幕後功臣。那是一個令人讚歎的博物館，恐龍在裡面始終占有一席之地。很多陳列品都是像瑪麗・安寧一樣的人找到的原始標本。

一八五一年，第一屆世界博覽會在倫敦市中心舉行。這場被稱作「偉大展覽」的盛會集合了全世界的科學、技術、藝術、運輸和文化的展示。展場設在海德公園正中央的大玻璃屋內——創意大膽令人讚嘆的「水晶宮」，它高三十三公尺，寬一百二十四公尺，長五百六十三公尺。當時人們認為沒有人可以用玻璃和鋼建造出這麼大型的建築，但約瑟夫・帕克斯頓（Joseph Paxton）辦到了。他既是園藝師也是建築師，在此之前為維多利亞時代的貴族名流搭建過大型溫室。世博會盛況空前，持續了六個月，六百萬人從世界各地蜂擁而至。

世博會閉幕後，水晶宮被移至倫敦南緣的錫登漢姆公園（Sydenham Park）內。在該地擴建的部分設立了世界第一個主題公園——恐龍和其他史前動物王國。禽龍、魚龍、斑龍和其他獸類的複製品巍然聳立在人造湖的周圍。一八五三年的新年前夕，二十四名遊客在製作禽龍軀體的碩大模具上共進晚餐，可想而知它有多大了吧。

一九三六年，玻璃屋在一場大火中轟然倒塌，它的遺址至今仍被叫作水晶宮。從現在的角度來看，有些經過重新建造的恐龍複製品錯誤百出，但它們是劫後餘生的倖存品，雖然千瘡百孔，但畢竟見證了歷史的偉大。

如今，我們對恐龍時代有了更多的瞭解。比起曼特爾和歐文，我們考證了形形色色的恐龍，追溯出屬於牠們的更加準確的生存年代。有時候我們說牠們曇花一現（你將在下一章感受到地質年代的緩慢悠長），因為大約六千五百萬年前，一顆巨大的小行星撞擊地球導致氣候變化，大型恐龍因此滅絕。但並不是所有的恐龍都消失了，還有一些小型恐龍死裡逃生，不斷演化，牠們的後代每天出現在你的花園裡，被稱之為「鳥」。

· 24 ·

我們星球的歷史

找到古老的獸骨只是歷史故事的一個篇章。在鄉村漫步，你一定會注意到，山谷間通常流淌著一條小河或是一彎溪水，四周圍繞著丘陵或峻嶺。世界有很多讓人歎為觀止的地方，比如瑞士的阿爾卑斯山脈，既有高聳入雲的群山，也有深不可測的峽谷。

地球的這些特徵是怎麼形成的？年復一年的地震、火山爆發、河流和冰川改變著地貌，山脈和深谷也不可能一成不變。也許每年的變化微乎其微，但是遲早你會看見。海岸線向後退去，海邊小屋被捲進了大海。長年累月累積下去，必將是翻天覆地的轉變。

人類對大地震、火山、海嘯已經見怪不怪。義大利那不勒斯附近的維蘇威火山，在西元前七九年爆發，埋葬了龐貝城，奪走了無數人的生命，火山灰和岩漿徹底改變了海岸線。如今，挖掘出的龐貝城已經掃去灰燼，你可以自在地在它的街道閒逛。很多人都在思索這些災難事件的寓意。有些人覺得這是超自然的力量。不過，學者們從十七世紀末開始把地球歸入自然史進行研究，現代地質學則是在他們解決三大困擾的過程中逐漸發展而來。

第一，他們需要開拓理解「歷史」的新思路。以往，「歷史」就是「描述」的意思。自然史僅限於對地球和地球上事物的描述。隨著時間的推移，「歷史」有了現在的含義。今天的我們對瞬息萬變習以為常：服裝、音樂、髮型、俚語，操作電腦和手機；我們見過一九五〇年代的照片，覺得那時的人看起來實在另類。這不是什麼新鮮事，例如羅馬人和古希臘人的穿著就不一樣，只不過，現在的變化速度快了很多。我們自然而然地接受著。歷史就是研究變化。

第二個問題與時間有關。亞里斯多德推測地球是永恆的，不過地球在他活著的時候的確趨於平靜。古代中國和印度科學家認為地球非常古老，基督教和伊斯蘭教則把地球的歷史縮水了。作家托馬斯．布朗爵士[19]在一六四二年說道：「我們理解的時間不過比人類早五天而已。」他說的是《創世記》裡的故事，上帝在最初的五天裡創造了地球、天空、恆星、太陽、月亮、所有行星和動物，在第六天創造了亞當和夏娃。對於像布朗一樣的基督徒而言，地球只比亞當和夏娃在伊甸園裡看見的第一個黎明早誕生了一會兒。

．地球到底有多老？

如果你認真讀一下《聖經》，再累計《舊約聖經》中提到的亞當和夏娃所有後代的年齡，大致可以推算出創世第一天的日期。十七世紀中期，愛爾蘭的大主教烏舍爾這樣做了。計算結果告訴他，地球誕生於西元前四〇〇四年十月二十二日傍晚。這個結果太精確了！在一六五〇年代，很多基督徒拒絕接受他的結論。人們渴望知道地球的地貌特徵是怎樣形成的，如果地球小於六千歲，就很難解釋河谷演變的進程。

19 托馬斯．布朗爵士（Sir Thomas Browne，一六〇五－一六八二），十七世紀英國醫生及作家。——編注這麼有限的時間也無法解釋在山頂發現貝殼的原因。它們是怎麼做到高高在上，遠離現在的大海呢？歸根結柢，地質學家必須找出地球更古老的證據，才能對他們的觀察做出合乎情理的推斷。他們做到了。博物學家從十七世紀末開始強調，世界「必須」比烏舍爾公布的年齡老上幾千年。數十年後，布豐（我們在第十九章提過的自然史先鋒）結合宇宙學和地質學歸納出一套體系，在他的宇宙觀裡，地球的源頭是一顆飛離太陽的炙熱的球，然後它逐漸冷卻，孕育了生命。為了不得罪教會，他用嚴謹的措辭，試探性地把地球和太陽分離的時間估算在八萬年前。

第三個問題涉及岩石和礦物的本質。沒有兩塊一模一樣的岩石。它們有的堅硬，有的鬆軟易碎，組合成分千差萬別，形成年代似乎也各不相同。地質學家必須對岩石和礦石進行命名和分析，才能勾勒完整的地球史。亞伯拉罕．維爾納（Abraham Werner，一七四九－一八一七）在德國對此做了大量的初步工作。他在大學任職，卻對採礦情有獨鍾。地下深處的礦藏，為科學家提供了在地面上難得一見的原始樣本。維爾納把自己的樣本依據岩石的成分和相對的年代分門別類。他發現，最古老的岩石堅硬無比，在它裡邊沒有任何化石的蹤影。

不同種類的岩石是鑑定發掘地和周邊地區年代的依據。一路向下一直挖到有化石的岩層和地層，同樣可以找到化石和地層年齡的蛛絲馬跡。測量員威廉．史密斯（William Smith，一七六九－一八三九）證明化石對確定年代有重要意義。他在十九世紀初期參與修建英國的運河。在有鐵道之前，水路是最便捷的運送貨物方式，運送像煤一樣的重物更是如此。史密斯丈量陸地，對新運河的最佳路徑做出建議。他在繪製英格蘭和威爾斯地質圖的過程中逐步意識到，地殼分層最顯著的特徵，不僅僅是它所含有的岩石種類，還包括藏身其間的化石。

地球時間表的延伸、岩石種類的寓意和史密斯對化石意義的洞察，為地質學家「解讀」地球的歷史創造了條件。十九世紀早期，多數地質學家都是「災變論者」。他們透過歸納整理採礦、修建運河和鐵路時的紀錄，找到了很多證明淺表地層在火山和地震中沉陷於地底深處的證據。因此大部分博物學者認為，地球的歷史可以按照「劫難」——席捲全球的災難——劃分出固定的時期。洪水是劫難之一，所以地質學家試圖透過洪水找到和《聖經》的契合點。讓他們欣慰的是，似乎有跡象表明地球上曾經洪水氾濫，包括最近的那次（從地質時間來看）洪災。根據《聖經》，在大洪水中，諾亞把動物兩個兩個地帶進他的方舟。

災變論者提出了充分的證據支持他們對地球歷史的觀點。上上下下不同地層的化石，都帶有顯著的個性特徵。較新地層的化石比較老地層的化石更接近現代的動植物。與此同時，喬治．居維葉（上一章剛剛出現過）正在巴黎利用「比較解剖學」精心重建那些遠古動物的圖片。威廉．布克蘭（William Buckland，一七八四－一八五六）是他的追隨者，在牛津大學教授地質學。他是一位開明的英國牧師，精力旺盛地蒐集地質資料，以證實《聖經》中提到的大洪水。他找到很多自認為是大洪水遺留的直接證據：被沖進洞穴的殘骸、岩石，甚至還有遍布田野的巨石。在一八二〇年代，他確信這些都是諾亞洪水的後果。直到一八四〇年代，地質研究的層層深入動搖了他的自信。他醒悟到英國也受到了冰川的影響，冰川緩慢前行的時候帶來了大量巨礫，才形成今天這種巨礫零星散布的結果，這種解釋似乎更具說服力。

‧「均變論」與「災變論」

一八二〇和一八三〇年代，多數地質學家認為，新地質層恰到好處地解釋了古代災難論。由於這些地層內的化石只有細微差別，所以他們推斷地球的歷史應該是伴隨著一系列滅頂災難——鋪天蓋地的洪水、翻天覆地的地震——而後適應新環境的新植物和新動物得以誕生。地球的進程，似乎就是為人類誕生這一輝煌時刻做準備的發展史。這也迎合了《創世記》中上帝創造天地的說法，可以假設六天創世就是六個漫長的階段，也可以假設《聖經》只是描述了創造人類的最後階段。

一八三〇年，從律師轉行的地質學家，年輕的查爾斯．萊爾（Charles Lyell，一七九七－一八七五），對這一廣泛流行的學說提出挑戰。他研究過法國和義大利的岩石和化石。他在牛津師從災變論者威廉．布克蘭學習地質學，但並不贊同老師的觀點。萊爾問道，如果假設地質作用對地球的影響總是一樣的，該怎麼證明呢？於是他成為了「均變論」的領袖，「災變論」的強敵。萊爾想知道他的「均變說」能夠解釋多少地質史。他覺察到當下活躍的地質運動，如火山、洪水、侵蝕、地震，時有發生。如果這些變化一如從前，是否能夠充分解釋古代不同時期的大災難呢？他的回答是肯定的，並把理由寫進了合計三卷的《地質學原理》（*The Principles of Geology*，一八三〇－一八三三）。在接下來的四十年中，他繼續綜合自己和其他地質學家的研究，對這本書進行了補充更新。

萊爾的「均變論」，大膽摒棄了災變論和對諾亞洪水奇蹟的盲信。他把地質學家從宗教的束縛中解救出來，使他們得以自由地解讀地球的歷史。萊爾有很深的宗教信仰，他堅信人類是獨一無二的道德生物，在宇宙中占有特殊地位。他比大多數災變論者更透徹地看出動植物不斷地繁衍生息，無限地接近現代生物，這非常像演化論的觀點。對比深淺不同地層的化石，災變論者看到的是演化，而萊爾看到的卻是全部發展變化中的冰山一角。在遠離地面的古老地層裡挖掘出的哺乳動物化石，讓萊爾激動不已，因為哺乳類動物通常出現在最近的地層，這些發現讓他意識到動物和植物沒有真正的演化史，唯一的特例是人類。即便它們貌似在演化，那也只是虛晃一招。史前時代的動植物化石可謂鳳毛麟角。

萊爾有傑出的分析能力和豐富的考古經驗，是現代地質學的先驅。他證明，如果地球的歷史夠長，那麼只要觀察當下，結合近代地質事件或地質作用力，就可以推斷古代的地質發展進程。年輕的博物學家查爾斯·達爾文被萊爾的《地質學原理》深深吸引了。他乘坐「小獵犬號」環遊世界時，隨身攜帶這部書的第一卷（託運了另外兩卷）。達爾文說，他在旅程中藉助萊爾的雙眼看到了地質的世界——一個充滿地震、岩石和化石的世界。但最終，達爾文對化石隱藏的真正含義給出了完全不同的結論。

· 25 ·

地球上最偉大的表演

到郊外散步，置身於群樹之間，徜徉在花海之中，那裡有哺乳動物、有飛禽、有昆蟲，那裡有世界與你分享的一部分。去動物園和植物園遠遠地欣賞異域風情的動植物；進自然博物館尋找好幾百萬年前的化石，也許還有巨大的恐龍骨架。感受這些生命的存在和看化石有什麼關係？一個安靜謙虛的人給了我們答案，他就是查爾斯・達爾文（Charles Darwin，一八〇九－一八八二），是他改變了人類對自己的認識。

卡爾・林奈（見第十九章）相信物種是穩定的，所以他為動植物命名，我們至今仍在沿用他的原則。之所以能這樣做，是因為我們知道動植物雖然在發生變化，但是這種變化緩慢至極。每一個生物的「物種」都有明確的含義。物種之中存在「變異」。子女和父母會有差異：也許個子高一點，或者髮色深了些，也許鼻子大了點。夏天團團圍住爛水果的小果蠅也和牠們的父母不一樣，但是因為牠們的個頭太小，因而很難看出來。比較容易分辨的是垃圾堆裡的小貓和小狗。達爾文提出了父母和後代間的「變異」，無論我們能否看得出來都意義非凡。雖然我們對「變異」有喜有惡，但大自然接受它並珍惜它。這是達爾文歷經艱險、靜心慎思的非凡見解。

達爾文的父親和祖父都是名醫。祖父伊拉斯謨斯・達爾文（Erasmus Darwin）自有一套動植物演化的理論，而且擅寫科學詩。查爾斯・達爾文雖然在八歲時喪母，但仍然是個開朗的孩子。他熱愛大自然，喜歡用自己的化學器材做實驗，不過在學校成績平平。父親送他到愛丁堡大學學醫，他卻對自然史和生物學更感興趣。他是一個敏感的人，熬過第一次手術觀摩之後，他確信自己不適合當醫生。

達爾文在愛丁堡大學半途而廢，帶著成為牧師的願望前往劍橋大學學習，並勉強通過考試。劍橋是他生命的轉折點，在那裡他結交了一些植物學和地質學的教授，他們鼓勵他成為一名博物學家。約翰・亨斯洛（John Henslow）帶他到劍橋郊區採集植物；亞當・塞奇威克（Adam Sedgwick）陪他到威爾斯研究當地的岩石和化石。達爾文旅行回來就畢業了，無所事事，不知道何去何從。這時，他收到一份特殊的邀請，問他是否願意作為「紳士博物學者」，隨羅伯特・費茲羅伊（Robert Fitzroy）率領的皇家海軍艦艇「小獵犬號」出國做考察航行。父親要他拒絕，但是叔叔說服父親接受了這個天大的好事。「小獵犬號」航行成全了達爾文。

・每一個小島，都是一間微縮的變異實驗室

從一八三一年十二月到一八三六年十月，達爾文花了差不多五年的時間坐船巡遊世界。他在海上大部分時間都在暈船，當然他也有足夠多的時間走上陸地，尤其是在南美洲。他敏銳地觀察一切自然現象，從地理景觀、風土人情、動植物到化石。他收集了數千個標本運回家鄉，每一件都有詳細的標註。如果是現在，他肯定會寫部落格，但那時他只能等到回家再出版那些了不起的隨筆——

《研究日誌》（*Journal of Researches*，一八三九），一出版就大受歡迎，並且一直被奉為科學考察之旅的經典之作。這本書現在我們熟知的名字是《小獵犬號航海記》（*The Voyage of the Beagle*）。

當時達爾文的演化論還沒有成形，但是他一直在心裡反覆思索動物和植物隨時間推移的變化方式。他在《研究日誌》裡講了三件特別重要的事。第一件事發生在智利，達爾文在小獵犬號上平安地度過一次大地震，當時海岸線突然升高了大約四點五公尺。達爾文隨身帶著萊爾的《地質學原理》，牢記萊爾說過地震一類的猛烈事件能夠解釋歷史的說法。智利的這次地震使達爾文相信萊爾是正確的。

第二件事是，現存物種和近代動植物化石之間的關係觸動了達爾文。他在南美洲的東邊發現了碩大的活犰狳和與之類似的化石：它們只是「類似」，絕對不是同一物種。他把自己找到的很多樣本，補充進其他博物學者的發現中。

第三件事，也是最著名的一件，是他在加拉巴哥群島（Galapagos Islands）的收穫。這是距南美西海岸幾百公里之外的一群小島。島上遍布著珍禽異獸、奇花異草，有碩大的海龜，有炫目的飛鳥，牠們大多是某一小島上獨有的。達爾文造訪了幾個島，小心翼翼地收集了一些標本。他遇到一位能分辨海龜來自哪個島的老人。達爾文回到英國後悟出，不同島嶼的海龜有獨特的外形特徵，他意識到這個發現絕不尋常。一位鳥類專家看過他從不同島嶼帶回來的雀鳥，證實牠們是完全不同的種類。這似乎意味著加拉巴哥群島的每一個小島，都是一間微縮的變異實驗室。

小獵犬號告別南美後，穿過太平洋直奔澳洲，然後抵達非洲的最南端。它在返回英國的途中，再次在南美短暫逗留。一八三六年，回到英國的達爾文不再是那個出發時神經兮兮的年輕人了，他已經成為出類拔萃的博物學家。他寄回來的報告、信件和標本，為他在科學界贏得聲望。

接下來幾年，他潛心鑽研旅行帶回來的標本，寫了三本書。他和表姊艾瑪．威治伍德（Emma Wedgwood）結婚，然後搬到肯特郊外的大房子唐恩宅邸（Down House）定居，達爾文一輩子最重要的研究都是在那裡完成的。他總是病懨懨的，所以喜歡待在家裡不出門。他到底得了什麼奇怪的病，我們一無所知，但是我們知道他們一共有九個孩子。他也一直不斷地寫書和寫論文，包括一八五九年出版的《物種起源》（*On the Origin of Species*），這是一部有關完整生物史的絕世之作。

·把優勢發揚光大的，就是最有可能生存的

《物種起源》問世前幾年，達爾文堅持記錄「演變」日記。這個習慣始於一八三七年小獵犬號歸航不久。一八三八年，他閱讀了托馬斯．馬爾薩斯（Thomas Malthus）的《人口原理》（*Essay on the Principle of Population*）。馬爾薩斯是一位特別關注貧困原因的牧師。他認為窮人結婚過早，又不顧經濟能力地生育太多孩子。然而，所有動物都是這樣不計後果地傳宗接代。貓一年可以生三窩小

貓，每次至少六隻；一棵橡樹每年傳播幾千顆橡實，每一顆都將是一棵參天大樹；蒼蠅一年能生出幾百萬隻幼蠅。如果這些動植物的子孫後代全部存活，那麼世界很快就會被貓、橡樹和蒼蠅擠破。

馬爾薩斯認為，因為會犧牲掉太多，所以過剩的後代數量是必要的。自然是殘酷的，必須掙扎求生。達爾文讀過他的文章之後領悟到其中的奧祕——為什麼有的新生命活了下來，有的卻夭折了；以及為什麼動植物的變化是日積月累逐漸完成的。倖存下來的一定有其他同類不及的優越性，它們就是達爾文所說的「適者生存」或者「自然選擇」的結果。達爾文推斷，所有的後代都繼承了親體的某些特徵，比如疾速奔跑的技能。凡是把優勢發揚光大的，就是最有可能生存的：要麼跑得更快一點，要麼長出密集的小刺。這些特點就是「選擇」，因為沒有這些優點的個體比較活不到繁育自己後代的那一天。

達爾文意識到自然界的演變非常緩慢。但是他也強調，可以人為地對動植物的優勢進行取捨，從而加快變化進程，他稱此為「人工選擇」。事實上幾千年來，人類一直精於此道。達爾文飼養信鴿，而且經常和鴿迷通信。他知道飼養者對鴿子特徵的精挑細選，會導致鴿子的身形和行為迅速改變。同樣的，農民會挑選他們的牛、羊和豬，植物育種者則渴望提高收成或生產更美麗的花卉。你知道牧羊犬和鬥牛犬有多大差別吧。如果飼養者選擇他們要的動物特徵，那麼培育出各種各樣的動物易如反掌。

達爾文知道，大自然的動作更加遲緩，但若是有足夠的時間和適當的環境，完全可以重現同樣的進程。他透過對加拉巴哥群島的鳥和龜的研究，勾勒出自然選擇的運作方式。當地的自然環境——土壤、捕食者、食物供給——各島不盡相同，所以在地動植物以變化應對不同的生存環境。各島有著五花八門的雀鳥：吃種子的、吃水果的，或是吃龜背上寄生的蝨子的，牠們都根據當地覓食特徵被大自然「選擇」了不同的鳥喙。達爾文知道在某些情況下，當差異懸殊夠大的時候會產生不同的物種，但是所有的雀鳥仍是近親。時間和遺世獨立的環境為突變創造條件，逐漸演化出新物種。

達爾文保持沉默，他在如飢似渴地看書和收集觀察報告。一八三八年，他寫出理論大綱，一八四二年，以一部長篇收筆。但他還是不動聲色。為什麼？因為他要確保萬無一失。他知道如果自己言之無物，這個生物界的顛覆性觀點必然招致其他科學家的嚴厲批判。一八四四年，愛丁堡出版商兼博物學愛好者羅伯特・錢伯斯（Robert Chambers），匿名出版了自己談論物種變化的書。他的《自然創造史的遺蹟》（*Vestiges of the Natural History of Creation*）引來無數關注。「演變」成為當時的熱門話題。錢伯斯列舉了很多證據表明活著的物種是先前物種的後代。他沒有明確的理論分析，只是含糊其詞，而且漏洞百出。書的銷路很好，但是內容受到一些權威科學家的抨擊——就是達爾文希望可以成功說服的那一批人。所以，達爾文靜觀其變。他出版了一些小獵犬號的重要作品，處理了一個獨特但安全的論題：藤壺。解剖這些海洋小生物並進行研究是件棘手的工作，達爾文卻堅持說自己從中受到了有益的啟示，他看到了一群既有數量龐大的活體又有化石存在的動物物種，牠們為適應生活做出了各不相同的改變。

對藤壺的研究告一段落之後，達爾文終於回歸他的著作。一八五八年，正當他專心撰寫一本題為《自然選擇》的鴻篇巨帙時，郵差帶來一個災難性的消息。這封信來自遙遠的亞洲，徵求他對一篇短文的意見。這篇文章言簡意賅地表明：是長期的自然選擇引發了物種變化。達爾文仰天長嘆。文章作者阿爾弗雷德・羅素・華萊士（Alfred Russel Wallace，一八二三－一九一三）得出的結論，竟然和他多年歷盡千辛萬苦總結出來的大同小異。

•《物種起源》引發百家爭鳴

瞭解達爾文對物種觀點的朋友查爾斯・萊爾和約瑟夫・胡克（Joseph Hooker）出手相助。他們在倫敦林奈學會安排了華萊士和達爾文觀點的聯合展示，但是聽眾都心不在焉。當時達爾文在家養病，遠在一萬三千公里之外的華萊士更是對此一無所知。華萊士的信促使達爾文下決心停下手頭上的長篇著作，馬上動筆撰寫自己的觀點。《物種起源》終於在一八五九年十一月二十四日出版，首發當日一千二百五十冊全部售罄。

達爾文此書的核心部分包括兩個主要理論。第一，自然選擇是「適者生存」，就是那些幫助個體存活和繁育的優勢。（人工選擇是人類隨心所欲地強行改變動植物的特徵，顯示出動植物的可塑性。）第二，自然選擇在自然界經過漫漫征途「創造新物種」，新物種不慌不忙地以此「演化」。書的其餘部分是這些理論與自然界完美融合的精彩實例。達爾文論述了活著的物種和它們化石祖先之間的親緣關係。他描寫了動物和植物在全世界的地理分布。他解釋了地理隔離（如加拉巴哥群島的例子）如何為新物種的發展提供條件。他還強調，有些不同動物的胚胎驚人地相似。達爾文的《物種起源》在生物界的地位，如同牛頓的《原理》在物理界的地位。他讓人們知道自然界物種數不勝數的意義。

遺傳是達爾文最大的困惑：為什麼後代可以很像他們的父母，但同時又和父母以及同輩有點不同呢？他手不釋卷、冥思苦想。他承認對遺傳（基因）缺乏瞭解，所以只給出了一些參考意見。他也知道在當時，關鍵是承認遺傳，而不是討論遺傳是怎樣發生的。

《物種起源》引發百家爭鳴。人們對它議論紛紛，有良言也有熱諷。達爾文筆耕不輟，在去世前出版了六個版本。他在抨擊和研究中日漸成熟，完善自己的理論。他在不斷更新《物種起源》的同時，因興趣所驅，撰寫了其他書籍，它們內容豐富、數量驚人，包括幽雅的蘭花為適應昆蟲授粉發生的變化，捕食昆蟲的植物，爬牆的植物，以及不顯眼的蚯蚓，無愧於大家形容他為「有著無限好奇心的人」。沒有什麼能逃脫他的關注。

雖然達爾文知道《物種起源》的理論同樣適用於我們自己的生物史，但他對人類演化隻字未提。該書第一版的讀者可以清晰地感覺到達爾文確信人種演化論，但直到十多年後，他才在《人類的起源》（*The Descent of Man*，一八七一）一書中公開表述這個觀點。

達爾文確立了生物演化理論的科學價值。雖然有些科學家持反對觀點，但是多數人對他的理論心悅誠服，只不過有時候他們對生物演化發生的方式和原因持有自己的看法。後來的科學研究對達爾文著作的細節做了諸多更正。它並非完美無缺，也不可能是——這才是科學。達爾文的學識扭轉了我們對地球生物的看法。地球上最偉大的表演就是它的演化史。

· 26 ·

一堆裝有生命的小盒子

有些東西我們的確看不到也聽不到。我們不能看見所有的星星，我們看不見原子，甚至也看不見雨水坑裡的微小生物。我們聽不見很多鳥和老鼠能聽到的聲音。但是我們透過提問和使用工具，便可以看見和聽到比直接運用眼睛和耳朵得到的更多訊息，並且可以瞭解它們。望遠鏡使我們看到更遠的空間，顯微鏡則幫助我們看透生命微小的構建單元。

早在十七世紀，微生物學先鋒雷文霍克，就用自己的小顯微鏡對準了血球和蒼蠅腿上的毛。一個世紀以後，博物學者利用更加先進的顯微鏡，檢視解剖學更精微的細節和多彩多姿的微生物。「複合式」顯微鏡比單式顯微鏡的成像更大。它的鏡筒帶有兩個透鏡，後一個在前一個的基礎上再放大，以翻倍擴大圖像。很多思維縝密的人對顯微鏡半信半疑。早期的複合式顯微鏡曾經造成稀奇古怪的失真和假象，比如無中生有的怪顏色或亂線條。當時把觀察物切割成薄片只有幾種粗糙的方法，而且還要把碎片固定在載玻片（一片薄薄的玻璃）上進行觀察。可想而知，很多科學家認為和顯微鏡較勁得不償失。

然而，醫生和生物學家追求精益求精，他們要詳細瞭解身體的工作方式。法國的沙威爾・比夏（Xavier Bichat，一七七一－一八〇二）研究了組成人體的另一種物質——我們將其稱作「組織」，它或許像骨骼一樣堅硬，抑或像脂肪一樣鬆軟，還有可能是像血一樣的液體。比夏發現，同類組織無論在身體的什麼部位都有類似的功能。由此可知，無論是控制腿腳還是手臂的肌肉組織，它們的結構都相同；遍布身體各處的肌腱（連接肌肉和骨頭的部分）和組織液（就像包裹心臟的東西）也大同小異。鑽研細胞和組織的學科叫作「組織學」，比夏是「組織學之父」。但他也是對顯微鏡持懷疑態度的一員，因此他只用了簡單的放大鏡。

比夏的工作，激發了人們嘗試透過更小、更基礎的生命構建單元來研究動植物的興趣。十九世紀前幾十年裡，關於動植物基本生命構建單元的理論眾說紛紜。一八二〇年代末，法國和英國陸續克服了複合式顯微鏡的技術難題。從那以後，低頭使用顯微鏡的人更加自信，因為他們看到的畫面精準清晰、實實在在。

到了一八三〇年代，德國的兩位科學家從新的顯微鏡下得知，生命最關鍵的構建單元是細胞，動植物毫無例外地都由細胞組成。他們一位是植物學家許萊登（Schleiden，一八〇四－一八八一），另一位是醫生泰奧多爾．許旺（Theodor Schwann，一八一〇－一八八二）。許旺闡述了細胞如何工作和產生。動植物體內的細胞活動產生諸如移動、消化、呼吸和感知的行為。細胞彼此協調工作，它們是瞭解動植物生存和功能的關鍵。

．細胞研究的突飛猛進

當你傷到自己的時候，比如說割破手指時，會長出新的皮膚組織使傷口癒合。但是如果生命組織是由細胞構成的，那麼新的細胞是怎麼生成的呢？許旺是個化學迷，他推測，新細胞在一種特殊的液體中成形，就像在實驗室特定的溶液裡培養晶體一樣。他嘗試分析胚胎在卵或者子宮內的發育過程，還希望找出擦傷或瘀傷的地方再生細胞的出處。作為一名醫生，他注意到傷口周圍會發紅，有時還充斥著膿細胞。他認為這些膿細胞就是在膿腫可見的膿液中形成的。這個想法史無前例地結合了化學和生物學，但是很快被證明太過簡單。

隨著對顯微鏡的改進，越來越多的科學家開始關注細胞內的世界。魯道夫・菲爾紹（Rudolf Virchow，一八二一－一九〇二）是最權威的細胞觀測者之一。他的興趣包羅萬象，活躍在公共衛生、政治、人類學和考古學領域，主要身分是病理學家。（他曾參與挖掘西元前八〇〇年左右荷馬描寫過的特洛伊城。）一八五〇年代，菲爾紹開始思考細胞學對藥物和疾病研究——病理學——的意義。他和許旺都把細胞當作生命體的基本單位。掌握它們在健康和生病時的作用，將會在科學的基礎上開創新醫學。他在非常重要的《細胞病理學》（*Cellular Pathology*，一八五八）一書中陳述了自己的觀點。他表明，無論在病人身上還是在解剖室（在需要研究患者屍體的時候）裡檢查出的疾病，都是細胞的創作。這包括癌症的發展（他對癌症格外關心）、帶有膿腫的炎症和心臟病。在病理學課堂上，他常常教育學生要「以顯微鏡的方式思考」，要精確到細胞的層面。

菲爾紹在出色的顯微鏡觀察基礎上，說出了一句生物學的至理名言：「每一個細胞都來自另一個細胞。」這也正是他超越許旺的地方。他想要說明割傷或者抓傷等引發的炎症——囊腫裡的膿細胞——實際上來自於其他細胞，而不是在體液中形成的。這意味著癌症也是其他細胞異常活躍和分裂的結果。我們在顯微鏡下看到的每一個細胞，都是存在的細胞（「母」細胞）一分為二的產物（「子」細胞）。事實上，勤奮的生物學家有時候能觀察到完整的細胞分裂過程，他們注意到原始細胞分裂後，細胞內物質似乎有所改變。一些不尋常的事情發生了。

早期的觀察結果顯示，細胞不是一個裝滿同樣東西的口袋。在一八三〇年代，英國植物學家羅伯特·布朗（Robert Brown，一七七三－一八五八）利用顯微鏡比對了眾多細胞，發現每個細胞中心都有一個細胞核，它的顏色比周圍的物質深。很快，細胞核作為細胞的一部分被接受。細胞內其他物質被定義為「原生質」（protoplasm），其英文字面含義是「原始的模具」，因為那時原生質被看成是細胞內的生命物質，有了它才能賦予動物和植物生命。與此同時，細胞核周圍的結構也被看清了，並分別有了自己的名字。

科學家很快認同了細胞核和細胞其他部分的存在。不過這和古老的「自然發生說」背道而馳，腐肉和死水似乎滋生了各種各樣渺小的生命。眾所周知，在桌子上放一塊肉，暴露幾天之後會生蛆。如果他不知道蒼蠅產的卵會孵化成蛆，那麼他怎麼解釋蛆來自何處呢？在顯微鏡下檢查一滴池水，能看見裡面活躍著很多微小的生物。牠們是怎麼進去的？

對於十九世紀的科學家來說，最簡單的解釋是某種化學反應提供了營養環境，讓這些生物出現在裡面，或者說被創造出來。這是當時的普遍觀點，而且似乎也言之有理。既然鮮肉沒有蛆，那麼解釋牠們的出現過程，是不是比臆斷鮮肉分解後自動生出這些令人作嘔的東西，感覺更容易接受呢？少數人認為複雜的東西——大象或是橡樹——是自然發生的，但是簡單的生命形態似乎說來就來，並沒有直接的原因，除了那些以某種方式藉助周圍事物而生的。許旺提出的「活細胞是特殊體液結晶」的概念也屬於「自然發生說」，即活細胞來自沒有生命的物質。

‧每一個細胞都來自另一個細胞

十七至十八世紀的博物學家自認為已經證明「自然發生說」是無稽之談，但是疑雲依舊不散。一八五〇年代後期，兩個法國科學家開始脣槍舌劍。獲勝者最終在科學界否定了「自然發生說」。不過，這場競賽可沒那麼簡單：贏的人（雖然觀點正確）沒有採取公平競爭的手段。

爭論的一方是法國化學家路易‧巴斯德（Louis Pasteur，一八二二—一八九五）。一八五〇年代，他意識到活細胞能夠做出驚天動地的大事。他一直研究各類化合物的化學性質，熟悉發酵——葡萄和酵母混合製出酒，或麵粉加入酵母讓麵包在烘焙前發起來的過程。巴斯德之前的人認為發酵是特殊的化學反應，酵母產生催化劑的作用，加快反應速度但不因反應而改變。他卻提出相反的論點，證明發酵是由以葡萄和麵粉中的糖分為食的活酵母引起的生物進程。酵母中的細胞分裂出更多細胞，這些活躍的細胞製造出符合預期酒精含量的酒，或使麵包鬆軟。當然，在發酵的過程中必須嚴格控制溫度，在適當時候中止發酵。如果讓酵母一直活下去，酒會變成醋，麵團也會癟下去。巴斯德知道發酵的進程後，開始思考其他活的微生物可能也參與了原先認為的化學反應過程——比如「自然發生」。所以，他公開挑戰支持「自然發生說」的同胞菲利克斯·蒲歇（Félix Pouchet，一八〇〇—一八七二）。

巴斯德做了一系列實驗。他把麥稈加水煮沸除菌，然後把混合物暴露在塵粒懸浮的空氣中。按照常理，過幾天，那些液體裡應該擠滿微生物。巴斯德聲稱，如果隔離空氣中的塵粒，幾天後溶液仍然可以保持無菌狀態。為了證明這些微生物不是在空氣中自生而是隨塵粒而來的，他設計了一個特殊的彎頸燒瓶，形狀就像天鵝的脖子一樣，這樣空氣可以隨意進出，塵土被拒之在外。蒲歇做了類似的實驗，幾天後，燒瓶裡還是長出了微生物，他說這個結果證明「自然發生說」名副其實。巴斯德推測他沒有達到預期的實驗效果是因為燒瓶不夠乾淨，而且，他認定蒲歇就是個邋遢的人。巴斯德勝利了，但是他不動聲色地隱瞞了那些結果偏向蒲歇的失敗實驗！他的成功部分取決於他的果斷自信，堅持自己是正確的；還有一部分要歸功於菲爾紹的名言「每一個細胞都來自另一個細胞」的護航。人們願意相信巴斯德，因為他的理論是棄舊迎新的飛躍，吐故納新在科學領域至關重要。

顯微鏡的應用大大推進了醫學和生物學的研究。人們改良了顯微鏡，也發展了製作鏡下觀察樣本的工具，包括彌足珍貴的染劑——一種類似染料的特殊化學物，能夠給細胞組織著色、突出結構特點，使它們方便辨認。染色後的細胞核，清晰呈現出一系列深色的條帶，它們被稱作「染色體」（chromosome，「chromo」源於希臘文的「顏色」一詞），隨細胞的分裂膨脹。這些意義深遠的發現和對細胞其他部分的科學認證，直到二十世紀才得以實現，但是十九世紀的醫生和生物學家是承前啟後的一代。他們證明，要想瞭解植物和動物的完整機能，包括健康的和病態的，必須從組成它們的細胞入手。有一種只有單一細胞的有機體叫作「細菌」，它對診斷疾病有著無可替代的作用。路易·巴斯德沒有給我們答案，但是他發揮了關鍵作用，建立了微生物和疾病之間的聯繫，加深了我們對日常生活中普遍存在的微生物角色的理解。

· 27 ·

咳嗽、打噴嚏和疾病

如果你流鼻涕、咳嗽，或者腸胃不適，通常是「感染」了病菌或病毒，意思是某種微生物讓你生了病。我們對「感染」司空見慣，所以很難想像當年提出微生物致病的說法是多麼語出驚人。若干世紀前，醫生認為病痛的根源是人體內體液的變化。即使在更近一點的年代，醫生也把疾病歸咎於不好的體質（我們稱作「不好的基因」）、過度飲食或者是不良的生活習慣，比如熬夜。從來沒人想過活的有機體能從身體外招惹疾病。這是一個標新立異的看法，很多專家開始重新思考疾病的真正含義。

早期的醫生確實談論過疾病的「種子」問題。「病毒」經常被提及，只不過那時的意思是「毒藥」。不管是誤食身亡還是被害而死，人們對毒藥見怪不怪。這個理論的「新」，在於接受致病的外因是微小的、有生命的生物——微生物。說起來就像一場戰爭：身體對這種微生物有「防禦工事」，可以「抵抗」感染。微生物理論是醫學的偉大轉折。

我們在上一章見識了最具威望的贏家路易．巴斯德。後來他的興趣逐漸轉向微生物，忙著研究微生物的日用價值：它們對釀製啤酒、發酵葡萄酒和烤麵包的影響。他發明了針對牛奶和其他乳品的「巴斯德殺菌法」。打開冰箱，你將在裡面的食品上找到他的名字。「巴氏殺菌牛奶」是經過一個標準熱度殺死微生物的牛奶，保鮮期更長，食用更安全。

證明細菌、酵母菌、真菌和其他微生物能夠導致人類和動物生病也是一大躍進。在顯微鏡下看見它們是一回事，證實它們和特定疾病的單一關係是另一回事。我們現在所說的傳染病一直以來都是致命的殺手。從一三四〇年代開始，腺鼠疫（俗稱「黑死病」）在英國全境氾濫三百多年。它會引發高燒和身體疼痛難忍的腫脹，即淋巴腺紅腫。它經由黑鼠身上的跳蚤傳播，如果老鼠在疫情中死去，牠們就會轉移到人身上。天花、斑疹傷寒和猩紅熱伴有皮疹和不退的高熱，同樣造成嚴酷傷亡。父母也許生育了八個甚至更多的孩子，但是他們中間可能大部分都在幼年死於這些疾病。

・找出傳染病的傳播方式

醫生經過分析做出了兩種解釋。一部分人認為這種全社會性的疾病是「接觸性傳染病」，透過接觸可以人傳人，比如健康的人若是觸摸了病人或者病人的衣物、床單，就有可能被傳染。得天花時可怕的疹子似乎屬於接觸性傳染病，尤其是健康的人照顧患病的親友之後總是難逃一劫。

接觸傳染不太適用於解釋其他疾病的擴散。有一種「瘴氣」致病理論在醫生之間頗為流行。「瘴氣」是指汙穢、不健康的氣味或蒸氣。醫生認為，瘴氣病的病因是空氣中瀰漫著惡濁之物，比如變質的剩菜和下水道的臭氣，以及病房內的濁氣。整個十九世紀，霍亂是最讓人聞風喪膽的傳染病。它曾經在印度流行，於一八二〇年代開始擴散到世界各地，並用了六年時間從印度傳到英國。霍亂患者嚴重腹瀉、嘔吐、脫水，在極度恐慌中狼狽地死去。這一切往往只要一天時間。這突如其來的痛苦使英國陷入恐慌之中。

現在，疾病會隨跨國旅行快速傳播，而在那時要慢得多。歐洲的醫生和政府目睹霍亂一步步地席捲亞洲和東歐，他們不知道這是經由人傳人（接觸感染）還是瘴氣氾濫成災所致。很多人擔心疾病在大家共同呼吸的空氣裡蔓延。

不同的致病原因必然需要不同的應對措施。如果相信接觸是病因，那麼最好的方法是對患者隔離觀察；如果認同瘴氣是根源，那麼清潔和改善空氣品質勢在必行。一八三一年下半年，突襲英國的霍亂點燃了如火如荼的辯論。面對恐慌，醫生的觀點是隔離，但是似乎效果平平。當一八四八年和一八五四年霍亂再次來襲的時候，倫敦醫生約翰．斯諾（John Snow，一八一三－一八五八）明智地辨明了真相。他和當地居民交談，詳細標記出整個街坊的每個病例，最終確定霍亂的傳播源是倫敦中心蘇活區的公共水泵。他斷定是霍亂患者的排洩物和嘔吐物汙染了水源，所以對水源進行了取樣並放在顯微鏡下驗證。雖然他沒能明確定義原因，但是他的工作強調了純淨水源對公共衛生的必要性。

斯諾的調查研究雖然沒有找到霍亂的病因，但是發現了它的傳播方式。就這一點，便可說明實驗室至關重要，尤其是路易．巴斯德的實驗室。就在巴斯德專注於自己的微生物研究時，法國政府要求他去調查一種破壞了本國絲綢工業的蠶病變。巴斯德盡責地舉家搬到法國南部的製絲產業區，在妻子和孩子的協助下，證明這種蠶病變是蠶的幼蟲受到微生物感染所致。隨後巴斯德提供的解決方案挽救了法國的絲綢工業。

以此為契機，巴斯德開始研究疾病。他希望證明微生物是很多動物和人類疾病的罪魁禍首。他從源自家畜、偶爾殃及人類的炭疽病入手。直到最近，這種疾病差不多被遺忘殆盡的時候，恐怖主義者還在用它作為武器。一旦感染此病，患者會感覺到皮膚疼痛難忍，如果病毒進入血液則會導致死亡。它的肇因是一種大型細菌，所以相對容易發現。炭疽病成為巴斯德利用疫苗成功防治的第一種人類疾病。

・首度培養出疫苗，見識醫學的力量

早在一七九六年，英國鄉村醫生愛德華・金納（Edward Jenner，一七四九－一八二三）就在給一個得了牛痘的男孩注射後，找到了預防天花的方法。牛痘類似天花，但沒有那麼嚴重，它本來是牛得的一種病，偶爾會傳染給擠奶女工，不過觀察顯示，這些帶病的女工似乎和更危險的天花絕緣。於是金納創造出新療法，命名為「種牛痘」（vaccination，「*vacca*」取自拉丁文「牛」），並在多國推廣應用。疫苗接種有效地降低了這種重大疾病的發生率。

再說說巴斯德，他想仿效前輩的方法來對付炭疽病，但是找不到和它直接相關的疾病。不過，他發現改變環境可以削弱炭疽菌，比如改變溫度、更換培養基、將其暴露在空氣中。細菌滋生和我們的生存都需要合適的環境。巴斯德如願以償地把炭疽菌弱化到不足以致病的程度，為了紀念金納，他把這種弱化的細菌稱作「疫苗」（vaccine）。他邀請報社記者見證他的實驗：他為一圈又一圈的羊群和牛群注射疫苗，再對這群牲畜和另外一群牲畜施以炭疽菌，結果發現，沒有接種疫苗的動物因感染死去，而接種的動物則安然無恙。實驗大獲成功。巴斯德讓世界領略了醫學的力量。

炭疽病過後來了狂犬病。狂犬病是一種致命疾病，起因通常是被帶菌的動物咬傷。患者——包括很多小孩子——會口吐白沫，甚至無法飲水。值得一提的是，巴斯德根本看不見他要打交道的狂犬病，因為狂犬病毒太小了，巴斯德和他的同代人都沒辦法在顯微鏡下捕捉到它。但是，經由分析患者的症狀，巴斯德明白它是一種侵入大腦和脊髓進入神經系統中樞的病毒。於是，他用兔子的脊髓進行人工「培養」，透過改變培養環境控制病毒的有害程度。終於，他用弱化的病毒研製出一支疫苗，首次人體注射非常成功，巴斯德名震世界。故事的主人翁是個叫約瑟·邁斯特爾（Joseph Meister）的小男孩，他被一隻患有狂犬病的狗咬傷，絕望的父母帶他來找巴斯德尋找救命方法。巴斯德是化學家，所以請了一名醫生代為注射。疫苗成功了，小邁斯特爾獲救，從此感恩戴德地終生跟隨巴斯德。於是其他被狗咬傷的患者蜂擁而至，來巴黎接受新的神奇治療。世界為之雀躍，人們紛紛捐款修建巴斯德研究院，巴斯德在那裡一直工作到生命的盡頭。至今已有一百多個年頭過去了，他的研究院依然活躍。

巴斯德是個與眾不同的人，不但成就卓爾不群，就連他的成長之路和研究微生物的方式也獨一無二。其他科學家覺得他的方法讓人手忙腳亂、力不從心，所以現在實驗室裡研究細菌的許多器具，大部分是他的德國對手羅伯・柯霍（Robert Koch，一八四三－一九一〇）的作品。和巴斯德不一樣，柯霍是醫生，他的研究伴隨著治療病患來進行。他也觀察過顯而易見的炭疽菌，發現了它從動物到人類的傳播方式，並且證明這是一個複雜的生命循環。有時炭疽菌會進入類似冬眠的「孢子期」。這些孢子很難被殺死，而且可以感染人類和動物，有多種方式製造疾病。雖然細菌只有一個細胞，卻是相當難對付的有機體。

・是否終有征服傳染病的那一天

柯霍率先使用攝影的方式記錄致病的細菌。他在一種固體樣的洋菜膠上培養細菌，以便獨立研究和辨別不同的「菌落」（細菌的不同群落）。這可比巴斯德的燒瓶和湯料省事多了。柯霍的助手佩特里（Petri）發明了盛放洋菜膠、培養細菌的小盤子。柯霍也很喜歡使用染色劑區分不同細菌。這些進步改變了細菌學，國際醫生和科學家組織開始對微生物刮目相看。

柯霍是一位「微生物獵手」，他辨明了導致十九世紀兩種最嚴重疾病的微生物。一八八二年，他宣布發現結核桿菌。肺結核是十九世紀最大的殺手，醫生們認為它要麼是遺傳病，要麼是不良生活方式的惡果。柯霍的研究證明它其實是傳染病，患者是傳染源。肺結核有別於流感、麻疹、斑疹傷寒和霍亂等其他流行病，它是一種慢性病——傳播慢、感染慢、死亡慢，通常對肺的損害要延續很多年。

柯霍的第二大發現是霍亂病菌，它是另一個人類聞之色變的疾病。霍亂於一八八三年出現在埃及的時候，法國和德國曾派遣科學考察隊前往探明原因。這像是一場競賽。一位法國隊員被感染而死去（巴斯德也動過想去的念頭）。柯霍和他的德國同行對自己的發現模稜兩可，所以柯霍去了霍亂盛行的印度。找到霍亂桿菌後，他證明斯諾是正確的——它確實存在於水中。他在患者的排洩物和他們打水的水井裡都檢測出霍亂桿菌。對傳染病原因的瞭解有助於更妥善控制疾病的蔓延，而疫苗在過去的一個世紀裡，更是挽救了不計其數的生命。

從一八七〇年代末開始，大量致病的微生物逐漸被準確地識別出來（不過後來證實很多是沒有危險性的）。那是一段激動人心的歲月，許多醫生認為醫藥和衛生的新氣象正迎面而來。從那時起，乾淨的水、牛奶和我們日常飲食的衛生成為重要議題，醫生建議我們飯前便後要洗手，咳嗽的時候要捂住嘴。對細菌的辨別是科學家研製疫苗和藥物的前提，也是現代外科的基礎。

早在一八六〇年代，英國外科醫生約瑟夫·李斯特（Joseph Lister，一八二七－一九一二）就深受巴斯德微生物學說的啟發。他推廣了自己的「消毒」手術。你的家用急救箱裡或許就有消毒藥膏。

他創新地使用清潔下水道的石碳酸（亦稱苯酚）來清洗手術器械和敷在傷口上的繃帶，後來還發明了一種設備，可以在手術過程中對準患者和醫生的手噴灑石碳酸。他對比手術效果後發現，使用「李氏法」讓術後存活率大大提高，他經手的病人沒有一個死於手術血液感染。巴斯德在反駁「自然發生說」的實驗中證明了「細菌」被塵粒帶著穿行在空氣中，李斯特則透過使用石碳酸的流程殺死了這些細菌。

就像改進巴斯德實驗室的器具一樣，羅伯．柯霍也完善了李斯特的消毒手術。李斯特致力於消滅傷口上所有的致病細菌，而柯霍的滅菌手術則從根源上杜絕了細菌進入傷口。他發明了高壓滅菌器，一種利用高溫蒸汽消毒手術器材的儀器。滅菌手術開創了醫生安全進入患者體腔（胸腔、腹腔和大腦）的先河，後來逐漸衍生出現代的手術室、手術袍、口罩、橡膠手套和無菌設備。

即使有現代的衛生條件，手術也不可能離開麻醉。美國醫學在一八四〇年代開始採用麻醉術。麻醉是化學服務醫學的典範，這些化學合成物催人入睡——乙醚和氯仿都是實驗室裡的化學作品（漢弗里．戴維的一氧化二氮是另一種早期的麻醉劑）。在這之前，手術和分娩時若沒有撕心裂肺的疼痛或者死裡逃生，似乎都算是奇蹟。攻克霍亂難題的約翰．斯諾，是第一批使用麻醉術的英國人之一。他在接生維多利亞女王最後兩個孩子時使用了麻醉術，使自己作為麻醉師一舉成名。已經生了七個孩子的女王第一次使用麻醉劑，就覺得它的確是個好東西。

對細菌的認識成就了進階手術的發展，也開闊了醫生對長期帶給人類無盡痛苦和死亡的傳染病的思路。愛德華．金納疫苗抗病的理論已經有了科學依據。雖然疫苗有時有些副作用，但仍值得接種，畢竟它帶給人們征服傳染病的希望。如今的我們對微生物的瞭解比巴斯德和柯霍多很多，我們也更清醒地意識到這些細菌、病毒和寄生物是多麼善變和狡猾，這一點稍後在第三十六章你會領教到。它們有適應藥物和治療手段並產生抵抗力的本領，這是達爾文演化論給我們上的第一課——「適者生存」。

· 28 ·

發動機和能量

「先生，我在這兒賣的東西是全世界都想要得到的——它就是動力！」工程師馬修．博爾頓（Matthew Boulton，一七二八－一八〇九）知道自己在說什麼。一七七〇年代，博爾頓和幾個有志青年，包括發明家詹姆斯．瓦特（James Watt，一七三六－一八一九），讓蒸汽機走進了礦場和製造業。他們好像控制了能量或動力之源。這些人引領了英國工業革命，使英國成為第一個工業化的國家，建立了工廠制。這是一場由科學的進步所驅動的革命，靠的是巨大的動力提升，能迅速提高製造產量，並讓貨物運送範圍又遠又廣。難以想像我們現在的生活如果沒有能量會是什麼樣子，它們無處不在啊。而這一切都要從蒸汽說起。

蒸汽機本身相當簡單。它的原理就體現在每次你蓋著鍋蓋煮水的時候，蒸汽的力量頂起鍋蓋讓自己跑出來，還弄出嗒嗒嗒嗒的碰撞聲響。現在設想一下用密閉的汽缸代替鍋子，然後在一端開個小洞，塞進一個可以移動的活塞（就是一個圓盤，能密合地卡在汽缸裡，它的凸起正好插進小洞裡）。蒸汽逸出的壓力可以頂起活塞或者任何附著在上面的東西：也許是連接火車輪子的車軸。蒸汽機就這樣把蒸汽的能量轉換成運動，即機械能。它可以做很多有益的事，比如帶動一臺機器，或者抽出礦井裡的積水。

蒸汽機的發明者既不是博爾頓也不是瓦特，它早在一百多年前就出現了，只不過當時的蒸汽機簡陋，效能又低，一點也不可靠。蒸汽機改進的幕後智囊是瓦特。他的新機型不但提供了動力，促成英國工業化，同時引領科學家走上鑽研基本的自然法則之路。科學家認識到熱能並不是拉瓦節所認為的物質，它其實是一種能量。

工業革命期間，年輕的法國工程師薩迪．卡諾（Sadi Carnot，一七九六－一八三二）在眾多研究發動機的有識之士中脫穎而出。那時法國是英國最強的勁敵。卡諾意識到英國在設計蒸汽機和利用蒸汽機動力上的優勢，他希望法國能夠迎頭趕上。他在觀察了蒸汽機的運轉之後，總結出一套實用的科學原理。他關心的是蒸汽機的「效率」。

一臺效率極高的蒸汽機，應該調動全部必要的能量加熱水缸裡的水，從而帶動發動機運轉。你可以統計燃燒的煤或木頭產生蒸汽的熱量值，然後再測量活塞運動所積蓄的動力。如果發動機完全沒有能量損耗，兩個值應該完全一樣。可惜啊，這樣的發動機永遠不可能出現。

・能量守恆與「熵」的法則

所有發動機都有一個散熱器或者「水槽」——回收冷卻後的蒸汽和水的地方。在每一次循環時測量蒸汽（或者水）進出時的溫度，結果顯示總是進時高，出時低。卡諾證明可以利用兩個溫度的差別計算發動機的效率。假設理想效率為一，那麼實際效率就是一減去槽內（出去時的）溫度，除以熱源（進來時的）溫度。唯一能夠達到理想值「一」的條件，就是發動機吸收了蒸汽的全部熱能，這樣進出的溫度比為「零」，得出1－0＝1。如果事實如此，溫度測量結果中有一個應該是零或者無限大：要麼是無限大的熱氣進入，要麼是「絕對零度」（理論上的最低溫度，我們將在後面解釋）的熱氣出去。由於兩個都不可能實現，所以實際效率總是低於理想值。

卡諾的簡單方程式不但測量了發動機的效率，而且揭露了一個重大的自然法則。它解釋了為什麼「永動機」只能偶爾在科幻小說中大顯身手，卻永遠不能在現實裡一展風采。我們只能利用能量來產生能量，比如，我們要想把水加熱，必須從燒煤或點燃其他燃料開始。一八四〇至五〇年代，很多科學家都在研究這個基本的自然原理。魯道夫・克勞修斯（Rudolph Clausius，一八二二－一八八八）是其中一員，他是德國的物理學家，在嚴格控制的實驗環境裡，孜孜不倦地觀察熱能運動，並提出一個新的物理概念：「熵」。它是測量一個系統中的混亂（失序）程度的指標。製造混亂比恢復成原有狀態容易多了。如果你把白漆和黑漆混在一起，你得到的是灰漆。混合很簡單，但是想把它們再分成純白和純黑就不太可能了。如果你把牛奶和糖加進茶水裡，倒是可以把糖還原，不過要費九牛二虎之力才行，但是牛奶肯定無法還原了。能量也不例外，一旦你把煤點著了，就不能再利用它產生的熱能變回那塊煤。

「熵」的概念讓十九世紀的人心灰意冷。克勞修斯宣布因為「熵」的「散漫」，宇宙將會越來越亂。萬物混雜的狀態需要更大的能量去恢復，就好比收拾房間比弄亂它更耗費精力一樣。根據克勞修斯的理論，宇宙在跌跌撞撞地走向衰竭，最終的結局是一切物質和能量均勻地分布在宇宙各處。

甚至，我們的太陽也將在五十億年左右的未來帶著地球上的生命一起走向滅亡。當然，動物、植物、人類、我們的房屋和電腦都不會坐以待斃，正如一句老話所說：「未雨綢繆」。

物理學家和工程師一邊對「熵」的影響憂心忡忡，一邊對能量的本質窮追不捨。熱能是很重要的能量形式，所以研究能量的學科叫作「熱力學」（其英文「thermodynamics」取自古希臘的「熱」和「動力」兩個詞）。一八四〇年代，一些人就不同能量形式之間的關係得出了相似的結論。他們觀察了各種事物：水在結冰和沸騰的時候發生了什麼？人類的肌肉如何舉起重物？蒸汽機如何利用熱的水蒸氣來創造事物而不是只有作功（work）？（一八二五年，第一條蒸汽火車路線在英國北部開通。）他們從多個角度統整這些問題，並得出統一結論：能量既不能憑空創造也不能被肆意消滅。人類唯一能做的是進行能量轉換，讓能量從某種形式變換到另一種形式。能量守恆的原理就是對能量轉換的利用。

曼徹斯特的物理學家詹姆斯・普雷斯科特・焦耳（James Prescott Joule，一八一八－一八八九）希望找出熱能和功的關係。完成特定的工作量需要消耗多少能量？他用一系列才華橫溢的實驗證明，熱能和作功之間有明確的數學關係。你作功的時候（比如騎自行車）會消耗能量，而熱能是最常見的能量形式。現在假設我們在爬山，肌肉每運動一次，能量就減少一點。這些能量是我們吃進和消化的食物，利用呼吸進的氧氣「燃燒」掉卡路里產生的。眼前有兩條路通往山頂：一條陡峭，一條平緩。焦耳表示，無論你選擇哪一條路都消耗能量。雖然陡峭的山路可能會讓你肌肉痠痛，但不管你踏上哪一條路，也不管你是跑還是走，總之從山腳到達山頂，你用來移動自己身體重量所消耗的能量是一樣多的。物理學家牢記著焦耳的名字。「焦耳」是身兼數職的計量單位，它既是能量單位，也是熱量單位。

・絕對零度下原子的絕對靜止

長期以來，人類千方百計地測量物體含有的熱量，也就是它們的溫度。伽利略（第十二章）設計了能體現溫度升高的「測溫器」。人們透過測溫器看出物體的冷熱變化；用溫度計上的數字標記熱度。早期區分溫度等級的兩種方法沿用至今。一個是德國物理學家丹尼爾・加布里埃爾・華倫海特（Daniel Gabriel Fahrenheit，一六八六－一七三六）發明的含有水銀和酒精的溫度計。以他名字命名的溫標裡，水的冰點是華氏三十二度，我們的正常體溫是華氏九十八點六度。安德斯・攝爾修斯（Anders Celsius，一七〇一－一七四四）在以他姓氏命名的溫標裡，以零度為冰點，一百度為沸點，溫度計測量的溫度值在兩數之間。這兩種計量方法和我們的生活息息相關，當你想知道烤蛋糕的溫度，或者要抱怨天氣時，請記得上述二位。

蘇格蘭物理學家威廉・湯姆森（William Thomson，一八二四－一九〇七）發明了另一種計量方法。他對熱能和自然界其他形式的能量格外痴迷。他是格拉斯哥大學的教授，後來受勳成為「克耳文勳爵」。他的溫標是我們知道的「克耳文」（Kelvin）或「K」。他用精確的測量和嚴謹的科學計算創造出以「K」為符號的溫度單位，攝爾修斯和華倫海特的溫度計量相形見絀。

克氏溫標以「水三相點」的溫度為基礎，也就是當水的三種狀態——冰（固態）、水（液態）和水蒸氣（氣態）——處於「熱力學平衡」時。在實驗室裡，將某種物質絕緣、隔熱，當溫度和壓力保持固定時將出現「熱力學平衡」。這時，物質形態不會改變，能量既不會減少也不會增加。「水三相點」是指水的固、液、氣態處於絕對均衡的狀況。一旦溫度或壓力改變就會打破平衡。

在攝爾修斯和華倫海特的溫度範疇裡，非常冰冷的水溫是負數。在天氣預報裡你會聽到「負二度或負三度」。但是在克氏溫標裡沒有負數。水的冰點是二七三・一六K（相當於攝爾修斯的零度和華倫海特的三十二度）。如果要降到零K，那可要冷上不少呢。這個「零」是真正的零、「絕對零度」。在這樣一個不可能存在的極寒溫度下，所有的行動、所有的能量都將停止。就像百分百效率的發動機一樣，我們永遠不會經歷。

克耳文等人向世人展示了所有發動機的科學性和實用性。伴隨十九世紀的發展，本章的這三項發現成為熱力學的第一、第二和第三定律：能量守恆、熵的「法則」和絕對零度下原子的絕對靜止。這些定律幫助我們理解能量、功和動力的重要意義。

新動力的產量無法滿足現代世界的需求——運轉工廠、輪船、火車，還有克耳文晚年時出現的汽車。火車和蒸汽輪船利用鍋爐中煤燃燒時釋放的熱能製造蒸汽，驅動發動機運轉。但是汽車靠的是一種新發動機：內燃機。它需要一種在十九世紀末才發現的高揮發性燃料——汽油。汽油將成為下個世紀最重要的產品之一。在即將到來的二十世紀裡，它是世界競爭的稀有資源之一。

· 29 ·

為元素製表

我們混合各種調味料燒烤，是在利用化學反應；我們清除水垢，熱水壺滋滋冒泡也是化學反應；我們攜帶的塑膠水壺、穿著的豔麗服裝，都要拜幾百年來累積的化學知識所賜。

化學在十九世紀才邁進現代化的大門。讓我們簡單回顧一下：十九世紀初，化學家採納道爾頓最初的原子理論，還記得嗎？相關故事請翻閱第二十一章。接著他們一鼓作氣創造了全世界通用的化學語言，建立了元素符號體系，比如H_2表示兩個氫原子。隨後「原子」是最小的物質單位這一點得到了廣泛認同。他們用「元素」一詞代表只有一種原子的物質（碳就是一例）；用「化合物」代表由兩種或兩種以上元素組成的物質。你可以把化合物分解成元素（比如氨可以分解成氮和氫），但是不能再個別元素進一步分解。

原子的確不是道爾頓形容的那種堅硬的小球，但是想要說清楚它們到底是什麼實在太難了。不過，化學家們慢慢地發現了當原子鄰近其他原子或化合物時起了什麼作用。有些元素惰性十足，不管你做什麼都不能讓它跟別的元素起反應；有些則一觸即發，你必須做好爆炸防護；有些還需要你幫忙「啟動」一下才能與其他元素互動。比如，把氧氣和氫氣裝在一個燒瓶裡什麼也不會發生。不過，如果你扔進去一個小火星，那麼快閃開吧！因為你正在製造一場快速的爆炸，可是這場反應的產物竟然是最普通不過的水。還有一個極端的案例：把鎂和碳一起密封在真空燒瓶裡，不停地加熱，它們仍會相安無事；現在，放一點點空氣進去，回敬你的將會是耀眼的光和可怕的熱浪。

化學家注意到了這些千差萬別的化學反應，開始對反應的原理和在實驗室裡破解的化學組合著迷。他們設計了兩種主要的實驗方法：「合成法」和「分析法」。「合成法」是把元素集中在一起，從單一元素或簡單化合物著手，研究它們何時起反應以及反應的產物。「分析法」則是相反的程序，從相對複雜的化合物開始，設法把它們分解，透過觀察終極產物瞭解化合物。化學家採用這些方法洞悉了很多簡單的化合物的組成，這為創造更複雜的化合物提供了捷徑，只要在熟悉的物質裡添加新料就夠了。

・找出元素獨特的化學和物理屬性

在所有的實驗中，有兩個結果一目了然。一個是我們公認的，每個元素都有正價或負價，而且正如俗語所說，「異性相吸」。例如，正價的鈉很容易和負價的氯結合生成氯化鈉（即我們撒在食物上的鹽）。正負抵消，所以鹽是中性的。所有穩定的化合物（如果沒有外界干擾，自身就不會改變）都是中性的，即使組成它們的元素不一定都是中性。鈉和氯的結合是合成法的實例。你也可以用剛才製成的鹽檢驗一下分析法。首先，把鹽放在水裡溶解，然後把鹽水放在一個有正負極的電場裡，你會看到正負分開的現象：鈉移向負極，氯漂向正極。化學家經過成百上千次的反覆實驗，終於對這些元素的原子帶有正負電荷這一點深信不疑。這些特徵是定義元素間相互反應的前提條件。

第二，有些成群結隊的原子在實驗過程中牢不可分，這樣的組合叫作「原子團」。它們作為一個整體統一行動，也有正、負價之分。當時化學家正在著手研究整個化合物相關的家族（它們都含有碳元素），比如乙醚、酒精或苯（它帶有迷人的環形結構），所以它們在有機化學中的地位格外重要。很多化學家渴望將有機物分類，瞭解它們的成分並掌握它們的反應，尤其是當它們的工業價值日趨明顯的時候。隨著對肥料、染料、醫藥、顏料的需求日益增長，尤其是一八五〇年代興起的石油開採，工業化學製品的產地逐漸從小實驗室搬到了大工廠。現代化學工業拉開了序幕，化學不再是興趣和富人的消遣，它成為一項事業。

元素同樣有自己獨特的化學和物理屬性。化學家日積月累找到一些固定模式。有些元素的原子似乎喜歡單個和其他原子結合，比如氫、鈉、氯。你看，一個氫原子和一個氯原子生成強酸——氫氯酸（HCl）。有些又好像有雙倍的魅力，能夠吸引其他的原子或原子團參與反應，比如氧、鋇和鎂，一個氧原子可以爭取兩個氫原子合成水。有些元素較容易參與反應，但也有一些頑固不化、無論如何也不「趨炎附勢」的特例。在化學反應中，元素（包括原子團）的表現欲各不相同。磷是活躍分子，必須時刻警惕；矽卻總是懶洋洋的，構不成什麼威脅。

元素的物理屬性也相差甚遠。常溫下，氫、氧、氮和氯都是氣體；汞和鈉是液體。大多數元素則天生是固體，比如鉛、銅、鎳和金等金屬。還有很多其他的元素，特別是人類研究最多的碳和硫，通常呈現固體狀態。大部分固體很容易在熔爐裡熔化，有時甚至汽化（變成氣體）。液態汞和鈉就極易揮發（很可能存在危險）。十九世紀時，化學家還不具備把溫度降低到使氧和氮等氣體變成液體的能力，更不用說固體了。不過，他們知道這只是技術問題。從理論上分析，每一個元素都有三種可供選擇的存在狀態：固態、液態和氣態。

一八五〇年代，人類進入了化學時代，那是一段充滿辯論的激情歲月，有關原子的相對重量、分子（原子群）的結合方式、化合物的「有機」和「無機」的區別等。一八六〇年的國際會議是建立現代化學的催化劑。如今我們對跨國會議習以為常，但在那時可是非比尋常。在沒有電話、沒有電子郵件、旅行又不便捷的年代，科學家之間除了信件交流，幾乎沒有機會見面。聽遠道而來的同行現場講述自己的研究，發表完後接著公開討論，是罕有的大事。一八五〇年代開創了國際會議的先河，世界各地的科學家可以坐著火車和蒸汽船跋山涉水地面對面交談了。他們同時向世界宣布了在科學界廣為流傳的信條：科學本身是客觀的，它沒有國界，它遠離分裂人類、挑起國際戰亂的宗教和政治。

一八六〇年，化學家們齊聚德國卡爾斯魯爾（Karlsruhe），出席為期三天的國際會議。很多年輕有為的化學家從歐洲各地蜂擁而至，包括三位在之後四十年叱吒風雲的人物。德國人奧古斯特·凱庫勒（August Kekulé，一八二九－一八九六）確定了會議目標，他希望各國化學家統一對研究對象的科學用語，定義分子和原子的性質。而這正是熱情如火的西西里化學家斯坦尼斯勞·坎尼札羅（Stanislao Cannizzaro，一八二六－一九一〇）一直倡導的，他如願以償地參加了會議。還有來自俄國西伯利亞、躊躇滿志的德米特里．伊萬諾維奇．門得列夫（Dmitry Ivanovich Mendeleev，一八三四－一九〇七）。代表們全程討論了凱庫勒的建議，雖然沒有得出一個人人接受的結論，但是化學的種子已經埋進了科學的沃土裡。

與會期間，很多代表閱讀了坎尼札羅一八五八年發表的一篇文章。他在文中回顧了十九世紀早期的化學史，並呼籲化學家們嚴肅對待他的同胞亞佛加厥（Avogadro）的研究，後者清楚地劃定了原子和分子的界線。坎尼札羅還認為，確定元素的相對原子量迫在眉睫，並且提出了測定方法。

・打開自然運轉之門的神祕鑰匙

門得列夫深受啟發。他有一位令人敬佩的母親，他是十四個孩子中最小的一個，母親把他從西伯利亞帶到聖彼得堡系統地學習化學。門得列夫仿效當時很多出色的化學家，依據親手實驗和授課內容編寫了一本教材。他和坎尼札羅不謀而合，也渴望對已知的諸多元素進行排序。化學家們已經證明了一些固定搭配，例如我們稱作「鹵素」家族的氯、溴、碘等都有類似的反應方式，它們也可以在反應中互換。某些金屬，例如銅和銀也在反應中有相似之處。門得列夫開始依照元素的相對原子量列表（他仍然把氫定為一），並在一八六九年公之於眾。

不僅如此，門得列夫還繪製了一張有橫行和豎列的表格。你可以上下左右交叉地看，總能找到化學性質相似的元素間的關係。他命名的「元素週期表」一開始非常粗略，僅引起為數不多的幾名化學家的關注。隨著他不斷地添加細節，有意思的事情發生了：他的表格顯示到處都有被遺漏的元素，它們的位置空著，因為其內容還沒有被發現，事實上是缺了整整一行。多年以後，不參與反應的「惰性氣體」填補了空缺。就像高傲的貴族不和地位卑微的人交往一樣，這些氣體超然於化學反應之外。直到一八九〇年代，化學家們才發現幾個主要的惰性元素，門得列夫對此先是拒絕接受，不過他很快意識到他的元素週期表早就預留了氦、氖和氬以及它們的原子量的位置。

在一八七〇到八〇年代，化學家們陸續找到了更多門得列夫列表中預見到的元素。他曾經斷言後來被命名為鈹和鎵的元素一定存在，當時被很多化學家當作狂妄之詞。隨著他逐漸把表格填滿，化學家開始讚歎它的作用，指引他們在自然界中尋找新元素。這張表解釋了每一個元素是什麼、它們是怎樣參與反應的。門得列夫想要瞭解元素的簡單初衷，在實踐中演變成了打開自然運轉之門的神祕鑰匙。今天，全世界的教室和化學實驗室裡都懸掛著這張元素週期表。

十九世紀以來，化學家長期沉浸在對化學成分的思考之中：哪些是化合物特有的原子和原子團？第一屆世界化學大會的智囊奧古斯特．凱庫勒一路領先。他鼓勵科學家聚焦於化學的「建築結構」。現代化學和分子生物學就是建立在對物質內原子和分子布局的掌握之上，必須要知道它們占據的位置和它們排列的形狀。沒有這些基礎，研製新藥就是無稽之談。凱庫勒智者先行。他夢見碳原子彎彎曲曲地繞出一條鏈子，就像蛇咬住自己的尾巴一樣。這個夢激發了他最偉大的靈感，他發現氫和碳的合成物——苯——有一個封閉的環形結構。原子團或元素可以附著在苯環的不同位置上，這是有機化學的一大躍進。

託夢之說不能缺少知難而進的努力。凱庫勒在實驗室裡不厭其煩地做著實驗。他建立了有機化學——關於碳化合物的化學——的概念，並指導全世界的化學界如何在自然的大家庭中識別它們。他被碳與其他化學物質結合時表現出的可塑性深深吸引。廣泛應用於加熱和照明的甲烷 CH_4，就是一個碳原子加四個氫原子的組合。如果是兩個氧原子加一個碳原子，這個組合就是二氧化碳 CO_2。碳和氧也可以單個結合出可怕的有毒氣體一氧化碳 CO，這表明原子結合的偏好傾向並不是一成不變的。

化學家為這些組合創造了一個字：「價」（valence）。它可以根據每一個元素在門得列夫的元素週期表裡的位置推斷出來。雖然已經知其然，但是直到物理學家公布了原子和電子的內部結構之後，他們才真正知其所以然。「電子」把化學家的原子和物理學家的原子連接起來，我們下一章就講講它的故事。

· 30 ·

走進原子

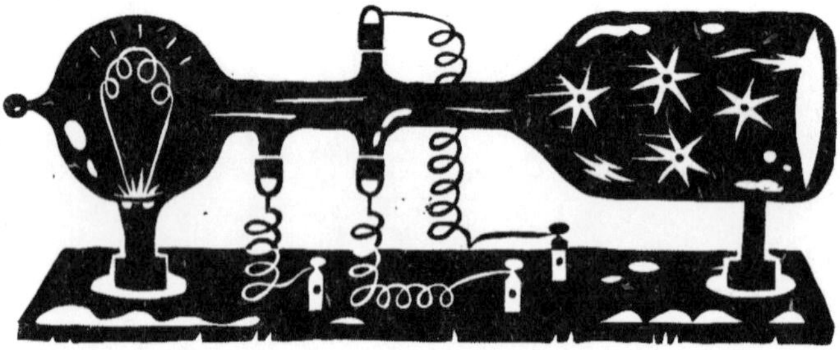

化學家喜歡原子。原子參與化學反應；原子在化合物裡有固定的席位；依據原子在元素週期表上的位置可以判斷它的基本屬性；每一個原子在和其他原子接觸時都會順勢成為正或負，並且形成固定的鏈接，稱作「價」。化學家也看重單個原子和結合成分子的原子團（綁定在一起的一群原子）之間的差異。他們發現，雖然多數原子喜歡獨處，但還是有一些天生就是分子狀態，比如氫和氧（H_2、O_2）。另外，由於氫的原子量恆定為一，測量其他原子的相對重量精確度也越來越高。

在這些成果裡，化學家沒有獲得更多關於原子結構的實用線索。他們意識到自己只能在實驗室裡操縱原子，卻一直未能揭開它們的本來面目。

十九世紀大部分時間，物理學家的興趣則在別處：怎樣實現能量守恆，怎樣測量電力和磁力，熱能的性質，怎樣獲知氣體變化的原因。物理學關於氣體的理論叫作「氣體動力論」，也涉及原子和分子的概念。不過，物理學家和化學家一致認為，原子論對他們的思路和測量大有益處，同時也都承認原子的本質難以琢磨。

對組成原子的一部分——電子——的重大發現首次表明，原子並不是物質的最小單位。實驗早已證明原子帶有電荷，因為原子會分別附著在通電溶液的正負兩極。物理學家雖然不能確定原子的帶電屬性影響化學反應，但是經過測量後發現，電荷有固定的組合。一八九四年，劍橋的約瑟夫·約翰·湯姆森（J. J. Thomson，一八五六－一九四〇）開始使用陰極管做實驗，不久後將這些組合命名為「電子」。

陰極管相當簡單，但是奧妙無窮。正是這樣一個簡單的東西讓我們知道了原子和宇宙的基本結構。這根管子絕大部分空氣被抽出，成為部分真空，兩端插入電極。通電以後管子裡就會發生各種奇妙的事，比如出現射線（輻射）。輻射是能量流或粒子流，那些困在陰極管裡的帶電粒子幾乎是在全速運動。湯姆森和他的同事開始在卡文迪許實驗室測量電荷數和輻射量，他們的最終目標是確定兩者之間的關係。一八九七年，湯姆森提出這些射線是帶電的亞原子粒子流，亞原子比原子更小；並且推測出最輕的氫原子和它們比起來簡直是龐然大物。物理學家們花了很多年去證實，湯姆森發現的電子就是名副其實的電荷單位。

・放射性元素與原子物理學

由此可見，原子帶有電子。除此之外還有什麼呢？越來越多的陰極管實驗逐漸揭開謎底。管內的真空程度改進了，可以通過更強的電流路。提到這些技術上的豐功偉業，不能忘記紐西蘭人歐內斯特・拉塞福（Ernest Rutherford，一八七一－一九三七），他既是湯姆森的學生和合作者，又是劍橋卡文迪許實驗室的接班人。一八九〇年代末，他們並肩確定了兩種不同的鈾射線，物理學界對此如獲至寶。

兩種鈾射線中，有一種可以在磁場裡彎曲，另一種不行。拉塞福不知道它們是什麼，所以簡單地給了它們兩個希臘文的代號「α」和「β」射線，從此載入史冊。他堅持不懈地和這兩種奇怪的射線糾纏了幾十年，終於發現了包括鈾在內的所有能發出（即放射）射線的元素。這些元素在二十世紀初為科學界帶來極大的驚喜，時至今日同樣意義非凡。它們就是「放射性」元素，最常見的為鈾、鐳和釷。科學家在研究它們的特殊性時，獲取了有關原子結構的關鍵線索。

「α射線」是基礎（它有時也被稱作「α粒子」——以渺小和神速著稱的原子物理界並不在意兩者的區別）。拉塞福和同事們用它們瞄準非常薄的金屬板進行測試。正常情況下，粒子應該穿板而過，但是偶爾會直接彈回。這種情況就像發射了一枚重炮彈，結果被一張紙彈了回來，你一定能想像拉塞福目瞪口呆的樣子吧。這意味著「α粒子」碰到了組成金屬板的原子中密度非常高的部分，實際上那就是原子核。實驗證明原子內部有很大的空白空間，所以大部分「α粒子」可以毫不費力地通過。只有當它撞上中心、物質高度集中的原子核時才會被反彈回去。進一步研究顯示，原子核帶有正電荷。物理學家猜想，電子環繞在原子核周圍的大片空白空間，它的負電荷正好中和了原子核的正電荷。

我們尊奉拉塞福為原子物理學的奠基人。一九〇八年，他獲得了諾貝爾化學獎。諾貝爾獎以它的瑞典創始人諾貝爾命名，自一九〇一年創立以來一直是科學界的最高榮譽，是很多科學志士始終如一的目標。拉塞福是一個伯樂，他有好幾位出眾的學生和同事也贏得了諾貝爾獎。

丹麥的尼爾斯・波耳（Niels Bohr，一八八五－一九六二）就是其中之一。他繼承了拉塞福的理論，認為原子的質量幾乎全擠壓在小小的原子核裡，並於一九一三年，運用當時炙手可熱的「量子」物理學方法建立了「波耳模型」。這個模型運用當時的最新發現，將原子內部化為具體形象來描述。他把整個原子結構比喻成我們的太陽系，太陽即原子核，居中，行星即電子，分散在外圍各自的軌道上。帶正電原子核的重量，決定了原子的質量和它在元素週期表上的位置。原子核由帶正電的質子組成。原子越重，原子核內的質子越多。質子數和電子數必須相等，以保證原子整體為電中性。他用「量子」解釋電子圍繞原子核在不同軌道上的運行。「量子物理學」最引人注目的部分是主張自然萬物——可能是質量，也可能是能量，或者是任何一樣你感興趣的東西——皆有各自專屬的封包（即「量子」）。我們將在第三十二章講量子的故事）。「波耳模型」上電子軌道的量子狀態各不相同。電子離原子核越近吸附力越強，反之則越弱。遠離原子核的電子會參與化學反應或形成電力和磁力。

這樣的見解似乎太高深莫測，事實的確如此，波耳也知道。但是他更認為「波耳模型」為物理學家和化學家搭建了共享的平臺。這個理論以物理學家的實驗為基礎，隨著化學家的研究而深入，尤其為解釋元素週期表裡不同的原子價和元素組合，立下了汗馬功勞。那些獨來獨往的元素是因為只有一個「自由」電子；而那些可以隨機應變的總是帶有多個「自由」電子。雖然事實上原子的複雜性大大超出波耳的預料，但是他的原子模型一直是現代科學的里程碑之一。

・中子理論與原子分裂

五花八門的新問題接踵而至。首先，帶正電荷的質子是如何擠進原子核獲得生機的？是像同性相斥異性相吸嗎（可以把它們想像成兩塊磁鐵）？那麼為什麼質子沒有互相推擠，為什麼電子沒有被吸引？其次，如果氫作為最輕的原子，其原子量為一，可以推斷它含有一個質子和一個幾乎沒有重量的電子，質子的原子量是一似乎合情合理。那麼，為什麼元素週期表裡的原子量不是按照一、二、三、四、五……這樣簡單、規律地遞增呢？

要回答第一個問題必須等到量子力學的進一步發展。第二個關於原子量排序的問題，很快被拉塞福劍橋的同事詹姆斯·查德威克（James Chadwick，一八九一－一九七四）解決了。一九三二年，查德威克公布了他爆炸性的實驗結果。自拉塞福開始，「α粒子」轟擊術已經成為研究原子結構的物理學家們的重要方法。查德威克的轟擊對象是他偏愛的金屬鈹，他發現鈹有時候會發射出一個原子量為「一」的中性粒子。他根據拉塞福的建議將這種粒子命名為「中子」，不過，人們很快證實它並不是質子和電子的結合物，正如拉塞福預料的那樣，它是自然界一種基本粒子。對於物理學家而言，「中子」恰好彌補了解決原子量和元素週期表排列等問題所缺失的一環。我們星球的基本物質持續不斷地被補充進門得列夫繪製的地球元素表中，查德威克的中子也為「同位素」的發現奠定了基礎。有時同一元素的原子卻有不同的原子量，因為它們的中子數不同，也就是在原子核內的中性粒子數不同。因此，「同位素」是指相同元素的原子帶有不同的原子量。即使是氫的原子量，當一個中子和一個質子單獨在一起時，也會變成「二」，而不再是「一」。發現中子的作用，使查德威克在三年後獲得諾貝爾獎。

中子是摧毀其他原子核的利器。它既沒有正電荷也沒有負電荷，自然不會受到帶強烈正電、被質子緊緊包圍的原子核的排斥。查德威克意識到這一點，而且領悟出只有激發原子速度和能量的機器才能粉碎原子：迴旋加速器或同步加速器。這種機器利用強大的磁場推動原子和粒子以光的速度運動。利物浦大學為查德威克出資建造了一臺迴旋加速器，所以他離開了劍橋。在那裡，他目睹了中子高速衝進重原子，例如鈾，產生了超乎尋常的能量。這些能量導致的連鎖反應引出了一個驚天動地的結果——原子的分裂。結束二戰的原子彈就是它的產物，正是查德威克主持了英國對原子彈計畫的合作研究。

很多人認為查德威克的中子理論解決了原子結構的問題（原子為宇宙的構建單元）。但是他們錯了，還有很多問題懸而未決。物理學家幾經周折掌握了電子、質子和中子以及「α」、「β」和「γ」射線的基礎知識，可是前方還有很多神祕現象等待著他們，比如X射線，比如量子。因此，二十世紀的尖端物理學將主要集中在原子物理學和量子物理學兩個領域。

· 31 ·

放射性物質

你骨折過嗎？你誤吞過什麼東西嗎？如果曾經有，那麼你一定拍過X光片，因為這樣不需要動刀剖開，醫生就能夠看清楚你身體裡面的情況。現在，人們對X光習以為常，但是在十九世紀末的時候，它還只是一個概念而已。X射線是人類控制的第一種射線，而且是在人類對輻射有準確的理解之前。隨之而來的是放射性物質和原子彈。

在德國，有些人仍然習慣用威廉・倫琴（Wilhelm Röntgen，一八四五－一九二三）的名字稱X射線為「倫琴射線」。倫琴不是第一個領教它威力的人，卻是第一個識別出它的人。科學總是這樣：僅僅是看見還遠遠不夠，你必須知道你看見的是什麼。

一八九〇年代，倫琴和其他物理學家（還記得約瑟夫・約翰・湯姆森嗎？）一樣用陰極射線管做實驗。一八九五年十一月八日，他注意到陰極射線管附近的攝影乾版底片莫名其妙地曝光了。當時底片上覆蓋著黑色的紙，放在科學家們預計陰極射線達不到的地方。接下來他花了六週時間究其原因。其他科學家也有同樣的遭遇，但他們都無動於衷。倫琴發現這些新的射線走直線，而且不受磁場影響。它們不會像光線那樣遇到玻璃鏡片就彎曲或折射，但是它們可以穿過實心的物體，甚至是一隻手！倫琴的妻子是第一個照X光片的人，在底片上清晰可見她的手指骨上戴著結婚戒指。當時他還不知道這種射線是什麼，所以隨口叫它X射線。經過六週艱苦而卓有成效的研究，他向世界公布了他的研究成果。

X射線一夜成名。醫生即刻發覺它的醫學價值，利用它可以診斷骨折或者定位身體內的子彈等異物。民眾對事物的反應很少這樣敏銳，他們靈機一動開始賣起了「防X射線內衣」。物理學家對X射線的本質爭論不休，經過十多年的深入研究才證明，「X」射線是一種超短波長的高能量輻射。早些時候，實驗人員曾經注意到它會灼傷人體並留下疤痕，所以自一八九六年開始，他們試著用射線殺死癌細胞。很久以後人們才意識到它的危險性，有幾名早期研究人員死於輻射中毒，或叫作白血病的血癌。X射線既是癌症的對手，也是癌症的幫凶。

在倫琴研究X射線的時候，法國人發現了另外一種形式的輻射——放射性。亨利．貝克勒（Henri Becquerel，一八五二－一九〇八）一直在研究螢光，它能讓物體發光或者它是物體本身所發出的光。他選擇了符合條件的鈾合成物。一八九六年，貝克勒經歷了和倫琴一樣的乾版底片曝光事件，他同樣認為自己發現了這種神祕X射線的新來源。但是他發現的射線和倫琴的不一樣。它是另一種輻射，沒有X射線「透視」的戲劇效果，不過仍然值得研究。

．放射性輻射無窮的能量威力

在巴黎，一對著名的夫妻檔迎接了這個挑戰，他們就是物理學家皮耶．居禮（Pierre Curie，一八五九－一九〇六）和瑪麗．居禮（Marie Curie，一八六七－一九三四）。一八九八年，居禮夫婦收到一噸瀝青鈾礦——類似瀝青一樣的東西，含天然鈾。他們的手在提煉純鈾的過程中被放射性灼傷，但是他們發現了兩種新的放射性元素，並將它們分別命名為「釷」和「釙」（polonium），後一個名字是為了紀念居禮夫人的祖國波蘭（Poland）。這兩種元素的性質和鈾類似，全世界的科學家都恨不得馬上找出更多威力四射的射線。當時已經發現了β射線（電子束）、α射線（拉塞福在一八九九年證實它就是沒有電子的氦原子，帶有正電荷）和γ射線（不帶電荷，後來被證明是和X射線類似的電磁輻射）。居禮夫婦是真正為科學獻身的英雄，皮耶在街上意外喪生以後，居禮夫人帶著兩個年幼的孩子，義無反顧地繼續他們未竟的研究。

放射性物質的發現幾乎實現了古代鍊金術士的夢想——眼看著一種元素變成另一種。不過只是「幾乎」，因為他們想要把鉛或其他常見的金屬變成金子，而放射性可以把鈾轉換成鉛，令貴金屬貶值！這勉強算是實現了鍊金術士的願望吧。但是，還有更多他們連想都不敢想的事。

放射性和X射線一樣有很高的醫學價值。居禮夫人發現的另一種放射性元素「鐳」可謂無價之寶。它的射線能殺死癌細胞。但是和X射線一樣，鐳的高劑量應用也會致癌。很多早期的工作人員，包括居禮夫人在內，在研究出正確的安全防護守則之前，都死於輻射效應。她的女兒伊雷娜（Irène）研究相同領域，獲得了諾貝爾化學獎，卻英年早逝，和母親一樣被血癌奪去了生命。

鈾、釷、釙和鐳是天然放射性物質。這意味著什麼呢？這些放射性元素就是物理學家所說的「重元素」。它們的原子核密密實實，極不穩定，放射線正是這種不穩定性的產物。這種不穩定性稱為「放射性衰變」，因為此類元素在失去粒子時，自然地衰變成另一種元素，移到元素週期表的另一個位置上。對衰變的研究謹慎地進行著，不斷地填補元素週期表的空白，任重道遠。

放射性物質為追溯地球歷史提供了行之有效的方法——「放射性定年法」。一九〇五年，拉塞福首次提出用這項技巧測定地球的年齡。物理學家計算一種天然放射性元素（比如鈾）中一半數量的原子衰變成另一元素（對應鈾的是鉛）所需的時間，這段時間稱為該元素的「半衰期」。元素的半衰期有從幾秒鐘到幾百萬年的巨大懸殊。科學家掌握了元素的半衰期以後，就可以藉由對化石或岩石（只能是天然樣本）內原始元素和衰變產物的數量之比例，估算它們的年代。有一種特殊的碳形式是天然的放射性物質，它的半衰期常被用來推算絕跡動植物的化石年代。一切活著的生物都和碳密切相關，直到死亡才會中斷對碳的需求，所以測量放射性碳在化石裡的數量，提供了它們成形的參考時間。放射性定年法應用同樣原理可以推算岩石的年代，提供了一個更長的時間範圍。這項技術改變了化石研究，我們不再說它們哪個古老一點，哪個年輕一點——因為我們可以知道它們的大概年齡了。

物理學家很快就發現了放射性輻射無窮的能量威力。鈾一類的天然放射性元素，以及像碳一樣有放射形式的普通元素少之又少。但是你可以用 α 粒子或中子轟擊原子，以人為方式利用很多元素獲得放射性能量。這顯示原子核裡聚集了豐富的能量。所以過去的一百年間，無數物理學家前仆後繼地尋找利用這些潛在能量的方法。

・從核分裂到大規模致命武器

當你轟擊一個原子，讓它的原子核拋出一個α粒子的時候，你在「裂開」這個原子並且把它變成了另一個元素。這就是「核分裂」。原子核失去了兩個質子。反之，一個原子吸收一個粒子變成新元素稱作「核融合」。無論是分裂還是融合的過程都會釋放能量。一九三〇年代末，德國和奧地利的物理學家一起證明了「核融合」的可能性，莉澤・邁特納（Lise Meitner，一八七八－一九六八）就是其中之一。她出生在一個猶太家庭，雖然改信了基督教，但還是不得不在一九三八年逃出納粹德國。她提出兩個氫原子融合後形成一個氦原子，在元素週期表上排在氫的後面。透過研究太陽和恆星，她得出氫到氦的轉變是恆星能量的主要來源的結論。（科學家用分光鏡觀測太陽時發現了氦原子特殊的波長，所以最早是在太陽上發現氦，而不是在地球上。）這個反應需要非常高的溫度，而一九三〇年代的實驗室設備還達不到要求。但就理論而言，完全可以製造一枚爆炸時能夠釋放超級能量的氫彈（核融合炸彈）。

不過在一九三〇年代，原子彈（核分裂炸彈）的可實現性更大。當時正逢納粹在歐洲橫行霸道，戰爭一觸即發。有幾個國家的科學家，包括德國在內，都在祕密研發這種災難性武器。義大利物理學家恩里科・費米（Enrico Fermi，一九〇一－一九五四）譜寫了這支絕命舞曲的主旋律。他領導的小組證實，用「慢」中子轟擊原子可以迎來期待中的核分裂。慢中子穿過石蠟（或類似物質）踏上尋找目標原子的旅程，降低的速度使中子可以更準確地在原子核著陸，引起核分裂。由於義大利法西斯政權對納粹持同情態度，所以一九三八年費米離開義大利，仿效許多當時最具創造力的科學家（還有作家、藝術家和思想家）前往美國。現在，我們有時也會用「智囊流失」指那些為了更好的工作環境而出國的最優秀的「大腦」，他們可以因此獲得更高的收入、更大的實驗室，有更好的機會能過著想要的生活。但是在一九三〇年代末和四〇年代初，遠走他鄉卻是因為失去了工作和生存的權利。納粹和法西斯做了很多慘絕人寰的事情，他們也改變了科學的面貌。這場迫不得已的「智囊流失」大大成全了英國和美國的科學進步。

・該如何駕馭核能這匹不羈的野馬

很多流亡美國的人加入了極機密的「曼哈頓計畫」。它是史上最昂貴的科學研究計畫之一，在那樣一個令人窒息而絕望的年代啟動。一九三〇年代末，物理學家領悟到了放射性元素的意義，信心十足地準備製造原子彈。唯一的難題是如何控制它，有些人覺得它太危險：爆炸引起的連鎖反應可能會毀掉整個星球。一九三九年，第二次世界大戰爆發，在英國和美國的物理學家馬上意識到德國和日本的科學家一定在加緊研製原子彈，所以同盟國必須分秒必爭。於是，一批科學家聯名上書美國總統羅斯福，敦促他授權執行同盟國的反攻計畫。阿爾伯特・愛因斯坦名列其中，他不僅是全世界最赫赫有名的科學家，還是逃離納粹德國最知名的流亡者。

羅斯福批准了。在田納西州、芝加哥和新墨西哥州的基地一切準備就緒。「曼哈頓計畫」是軍事計畫，科學家們必須放棄科學「公開、分享資訊」的核心價值，對研究成果守口如瓶。戰爭改變了人性，美英對重要的盟國蘇聯也是三緘其口，不予信任。雖然蘇聯從一名美國科學家那裡獲得了一些祕密情報，但是直到一九四五年，德國、日本和蘇聯的原子彈研發依然沒有取得突破。可是「曼哈頓計畫」已經催生出兩枚原子彈，一枚利用鈾，另一枚利用鈽——一種人造放射性元素。一枚小型實驗彈被置放於美國沙漠並成功爆破。原子彈即將投入使用。

一九四五年五月八日，德國投降，歐洲避免了原子彈的襲擊。日本仍一意孤行地在太平洋挑釁。八月六日，美國新任總統杜魯門下令在日本廣島投下鈾彈——用一塊鈾轟擊另一塊鈾造成的爆炸。日本仍執迷不悟。三天後，杜魯門又下令在長崎扔下鈽彈，結束了戰爭。兩次爆炸共造成三十萬人喪生，其中大部分是平民，最終日本投降。世人領教了核能驚天動地的威力，而我們的世界也被徹底改變了。很多參與製造這些大規模殺傷性武器的科學家知道，是他們的研究成果結束了可怕的戰爭，但是他們對此憂心忡忡。

威力驚人的原子能繼續在全世界發揮重要作用的同時，也在對全世界構成威脅。二戰結束了，蘇聯和美國之間的猜疑仍揮之不去，並且發展成為「冷戰」。兩國都有豐富的核武器儲備，但值得慶幸的是，雙方都沒有氣急敗壞地濫加使用。雖然國際間的一系列協議逐年減少了核武器的庫存，但是擁有核武器的國家越來越多。

人們運用「曼哈頓計畫」中累積的物理知識增強了對能量釋放的控制。核能可以用來發電，其所排放的溫室氣體，比起燃煤或燃燒其他化石燃料只是少量而已。在法國，幾乎四分之三的電力來源是核能。儘管核能有其益處，但是意外事件的危害以及恐怖主義者利用它造成的威脅，導致許多人對核能心懷恐懼。現代科技對政治和社會價值觀最好的闡釋莫過於對核能的思索：如何運用知識的韁繩來駕馭核能這匹不羈的野馬？

· 32 ·

打破遊戲規則的人：愛因斯坦

阿爾伯特・愛因斯坦（Albert Einstein，一八七九－一九五五）有著一頭代表性的白髮；他創立了著名的物質、能量、空間和時間理論；他寫下了方程式 $E=mc^2$；他的思想高深莫測，改變了人們思考宇宙的方式。曾經有人問他：「你的實驗室長什麼樣子？」他的反應是「嗖」地一下從口袋裡掏出鋼筆。因為他是一名思想家而不是行動者。他的工作檯是書桌或黑板，而不是實驗室的操作檯。

當然，他也需要實驗數據的支持，他最信賴的實驗結果來自德國物理學家馬克斯・普朗克（Max Planck，一八五八－一九四七）。普朗克既是思想家又是實驗家。他在柏林大學工作，將近四十歲時，有了一生最重大的發現。普朗克從一八九〇年代開始研究燈泡，想製造出一種既省電又明亮的燈泡。他實驗的理論基礎是「黑體」說。「黑體」是一種完全吸收所見光、不會造成任何反射的假設物。你可以自己站在陽光下體驗一下：穿件黑色T恤是不是比穿件白色的要熱得多？因為黑色衣服吸收了陽光的能量。同理，隨光而來的能量被黑體吸收。但是，既然黑體不能把全部能量儲存起來，那麼它又是怎樣把能量釋放出來的呢？

普朗克知道吸收的能量多少取決於光的波長（頻率）。他在嚴謹測量能量和波長的基礎上寫出了兩者的數學方程式 $E=h\nu$，即能量（E）等於一個常數（h）乘波長頻率（v）。在這個公式裡，普朗克測出的能量值總是整數，沒有分數。這一點相當重要，因為一個常數意味著能量是以一個個獨立的小封包出現。他把這些小封包起名為「量子」，就是「數量」的意思。他在一九〇〇年向新世紀公布了「量子」理論。從此以後，物理學和我們對世界的理解方式再也不是一模一樣的了。常數（h）被稱作「普朗克常數」以示紀念。這個公式的重要性可以和更知名的愛因斯坦等式 $E=mc^2$ 相提並論。

・革命性大發現和宇宙新理論

有些物理學家思忖良久才領悟到普朗克實驗的真諦，而愛因斯坦可是一眼便識破天機。一九〇五年，他發表了三篇論文，從此聲名遠揚。那時候他還是蘇黎世專利局的一個小職員，僅在閒暇時間做點物理研究。他憑藉第一篇論文把普朗克的理論推向新的高度，並在一九二一年摘下諾貝爾獎的桂冠。愛因斯坦對普朗克的黑體輻射考慮得更多，他利用了當時全新的量子分析法。深思熟慮後，他透過一系列才華橫溢的演算，證明光的確是以一些能量小封包傳播的。這些封包聚在一起組成波，但在運動的時候獨來獨往。物理學家聞言目瞪口呆，因為自從一百年前的湯瑪斯・楊（Thomas Young）開始，他們在許多實驗狀態下分析光，得出光是連續的波動，當然是按波的方式運動。現在居然有一個在專利局打工的無名小輩說光可能是粒子——「光子」，或者叫作「光量子」。

愛因斯坦同年的第二篇論文也是石破天驚。他就是在這篇論文中提出了「狹義相對論」，說明所有運動都是相對的，只有透過和其他事物的比較才能測量。這是一個高深的理論，但是如果你發揮一下想像力，它就會變得淺顯易懂。（愛因斯坦的偉大之處在於，他對已知數據的透徹分析和對未知世界的無限探索，在他的大腦裡經常縈繞著這句話：「如果……，會怎樣？」）假設一列正在出站的火車，某節車廂的正中央有一個忽明忽暗的燈泡，每次發出閃光的前後間隔時間都一樣，每節車廂的尾部都掛著一面鏡子，映出燈泡的閃光。如果你剛好站在車廂的正中間，你會看到燈同時出現在兩面鏡子裡。但火車經過月臺時，月臺上的人看到的閃光卻是一個接一個分開的。雖然燈光是同時照到鏡子裡，但是列車在向前開，所以月臺上的人會先從較遠的鏡子（車廂前端的鏡子）裡看見閃光，然後從較近的鏡子裡再看到（車廂後端的鏡子）一次。由此可見，既然光速是不變的，那麼視覺上的不同取決於——更準確地說是相對於——觀察者是運動的還是靜止的。愛因斯坦強調（當然補充了很多天書般的方程式說明）時間是現實的重要維度。從此以後，物理學家不能只考慮熟悉的三維空間了——長度、寬度和高度，時間從此也要算在其中。

愛因斯坦證明，無論光離我們遠去還是朝我們而來，速度是不變的。（音速則不同，這就是為什麼我們可以從火車的聲音判斷它是開走還是向我們駛來）。所以，「狹義相對論」中的相對性不適用於這種穩定的光速，除非包括觀察者和時間因素在內。時間不是絕對的而是相對的，時間和記錄時間的鐘錶在旅行的時候都變快了。有一個老生常談的故事：一名太空人以幾近光的速度完成旅程回到地球，結果發現時間還是流逝了。她的熟人不是老態龍鍾就是離開人世，她倒沒比離開的時候老多少。她的錶慢了，所以她不知道自己離開了多久。（這是一個臆想實驗，只能出現在科幻故事裡。）

這些都不足以讓愛因斯坦心滿意足，他又寫出了著名的方程式 $E=mc^2$，把質量（m）和能量（E）以新的方式連在一起。「c」代表光速。事實上他證明質量和能量是物質的一體兩面。光速是一個很大的數值，它的平方值更大，這意味著即使是質量非常小的事物，如果全部轉換成能量，也會大得嚇人。原子彈只是利用了微乎其微的一點點質量轉換成能量而已。如果把你身體的質量全部轉換成能量的話，其威力相當於十五顆氫彈那麼大。不過無論如何，千萬不要以身試驗。

接下來的幾年裡，愛因斯坦拓展了自己的思路，並於一九一六年形成了他更寬泛的宇宙觀，即「廣義相對論」。他闡述了自己對重力和加速度關係的理解，以及對空間結構的解釋。他證明重力完全和加速度相對應。想像你站在電梯內，蘋果從你手上掉落，它會落到電梯的地板上。現在，假設有人剪斷了電梯纜繩，纜繩被剪斷的同一時間，蘋果從你的手上掉下來，那麼你將和蘋果一起墜落。蘋果對於你來說沒有真正地運動，因為你們在一起往下落。這期間，你可以隨時伸手接住蘋果，電梯（和你）繼續往下墜，但蘋果永遠不會落地了。這就是太空景象的再現，太空人和太空船其實都在自由下落。

愛因斯坦的廣義相對論表述了空間是彎曲的，或者更準確地說是時空彎曲，如此一來物理學家曾經百思不得其解的問題便迎刃而解。他提出光遇到龐大物體會略微彎曲，因為光（由光子組成）有質量，較大物體會對較小的光質量施加引力。日食是最好的證明。他的理論還解釋了水星圍繞太陽轉的神祕軌道特徵，這是連牛頓通俗易懂的重力定律都望塵莫及的。

愛因斯坦研究了非常小（光子）和非常大（宇宙）的東西，並把它們以令人信服的新方式聯繫在一起。他在推廣自己的相對論的同時，促進了量子論的發展。物理學家引用這些理論和它們涉及的數學方法來分析宏觀和微觀的世界。但愛因斯坦並不讚許物理界的許多新潮流，他一直堅信宇宙（包括原子、電子和其他粒子）被固定在一個因果系統裡。他有一句名言：「上帝不擲骰子。」意思是萬物皆以有規律、可預測的模式發生。這種說法並非人人贊同，那些相信普朗克量子論的物理學家得出了不同的結論。

・永遠地改變了我們對宇宙的認知

其他一些早期的量子研究以電子為核心。第三十章曾經提到波耳一九一三年的量子模型，其中帶有穩定能量的電子按照固定的軌道圍繞中央的原子核運轉。物理學家嘗試用數學公式解釋它們的關係，但屢試屢敗，看來普通數學不能解決問題。於是他們轉向矩陣。在普通數學中，2×3和3×2沒有區別，但是在矩陣中就不一定了。一九二六年，奧地利物理學家埃爾溫・薛丁格（Erwin Schrödinger，一八八七－一九六一）憑藉這些特殊的算法得出了一個新公式，他的波動方程式描述了原子外圍軌道上電子的表現。這是量子力學的起點。它描述的對象是渺小的，但其影響正如牛頓研究的巨大對象一樣。薛丁格和二十世紀初很多改變我們思考世界方式的物理學家一樣，走上了逃離納粹之路，他在都柏林度過了戰爭年代，而愛因斯坦去了美國。

薛丁格的波動方程式為當時的研究帶進了某種秩序。緊接著在一九二七年，維爾納・海森堡（Werner Heisenberg，一九〇一－一九七六）提出「不確定性原理」。這個原理是哲學和實驗的結合體。依據海森堡的觀點，電子實驗本身就會引起變化。我們能知道的是有局限性的。我們能夠得知一個電子的動量（質量乘以速度）或位置，但是不能同時掌握兩者，對其中一個進行測量必定會影響另一個。愛因斯坦（還有其他人）被激怒了，開始駁斥薛丁格的「不確定性原理」。然而最終，找不到證據的愛因斯坦認輸了。直到今天，這個原理仍原封未動地呈現在我們眼前：我們對微觀世界的瞭解是有限的。

保羅・狄拉克（Paul Dirac，一九〇二－一九八四）也對電子情有獨鍾。這個讓人猜不透的英國人簡直就是另一個愛因斯坦，他的量子力學著作三十多年來一直是這個領域的範本。他關於原子和亞原子粒子的量子活動方程式幾乎是天才之作，但美中不足的是，需要補充一種特殊的粒子——一個帶正電荷的電子——才能算得上是完美無缺。這就好比說物質和反物質同時存在。「反物質」概念的提出讓人匪夷所思，因為物質本來是宇宙中實實在在的東西。沒過幾年，這種粒子就被成功找到，「正子」被發現了。這個電子的孿生兄弟帶有一個正電荷，碰到一個電子迸發出能量後，兩者就會一起消失，物質和反物質在相逢的眨眼之間就會同時毀滅。

正子的發現告訴物理學家，原子的成分不僅僅是質子、電子和中子。在物理學家利用史無前例的高能量去「檢視」原子和粒子之後，我們後來才思考這些深奧的發現。「檢視」一詞不算非常準確，因為在使用高能量的時候，他們不能直接看到實驗的進行，只能看見電腦螢幕上的亮點，或者磁力的變化，抑或是實驗配置的能量變化。但是，原子彈、原子能和對量子潛能的估算都證實了自然的力量和奇蹟——即使我們根本看不見。

普朗克的能量封包，也就是量子，與愛因斯坦的質能關係理論，是認識同一物體的兩個角度，它們永遠地改變了我們對宇宙的認知方式。質量和能量、波動和粒子、時間和空間，自然向我們坦露她可以是「這個和那個」，而不一定是「這個或那個」。這不但幫助我們解釋了原子結構和宇宙的形成，還幫助我們在黑夜找到回家的路。衛星離地球那麼遠，導航衛星一定包含了狹義相對論，否則，你很快就會迷失方向。

· 33 ·

移動的陸地

地震時天崩地裂，讓人膽戰心驚。「天崩地裂」說的是地震會造成大規模的坍塌，「膽戰心驚」則是因為地震撼動了腳下本不該移動的土地。雖然多數地震不易察覺，但它無時不在。研究地球構造就是測量這些看不見、察覺不到的東西，有很多科學都是這樣的，然後還要說服別人相信你是正確的。然而，大陸和海床的的確確在我們腳下移動著。

我們一生所經歷的地球歷史只能算是一次小小的快拍而已，是地球漫長進程的一瞬間。地質學家不但要掌握科學技術，還要具備想像力，跳脫框架思考。這是所有優秀科學家必備的素質，即便他們是在實驗室裡用手頭的資料做實驗，檢驗自己的想法。

十九世紀的地質學家還在沿用傳統的手法：化石挖掘、岩石分析歸類、地震和火山的災後分析。他們彙總這些資訊，有理有據地推斷地球的歷史，他們的很多結論經受住了時間的考驗。不過，也有大量問題糾纏不清，等待新的突破。古老的「災變論」相信各種力量，甚至神力的介入——比如《聖經》裡描寫的諾亞大洪水。取而代之的新焦點是時間跨度——被稱作「深邃時間」（deep time）的浩瀚時間。二億年前地球是什麼樣子？四億年前、六億年前又是怎樣的呢？

「深邃時間」可以解答以下三個關鍵問題嗎？

第一，為什麼主要的幾塊大陸，看起來好像是從海洋切下來之後被拼接在一起的，就像一塊碩大拼圖的幾片零片呢？南美洲的東海岸和非洲的西海岸可以完美地契合在一起，難道只是巧合嗎？

第二，為什麼在大洋彼岸的巴西能夠發現和南非類似的岩層？為什麼英國這樣一個小島卻承載著豐富的地貌變化？它既有懸崖聳立、海灣蜿蜒的蘇格蘭高地，又有南部蘇塞克斯郡威爾德（Weald）綿延起伏的丘陵地帶。難道英國和歐洲大陸一直是分開的嗎？或者阿拉斯加之於亞洲也一樣？

第三，動物和植物生活的地方出現一些奇怪的模式。為什麼生活在北美東部的蝸牛在西部不見蹤影，卻出現在歐洲？為什麼澳洲的有袋類動物和其他地方的有著天壤之別？一八五〇年代，達爾文和華萊士曾經做出一些前瞻性的說明，演化論也幫忙解釋了不少這類疑問。達爾文做了一些臭氣熏天的實驗，他把種子泡在裝有海水的桶裡好幾個月，讓它們體驗航海旅行，然後把它們種回土裡，看看還能不能發芽成長。有些種子活了，這是一種答案。達爾文還花樣百出地想知道鳥是不是能飛很長很長的距離，運載種子、昆蟲和其他生物？結果是牠們可以，但這還不能解開所有謎題。

・真的曾經有「盤古大陸」嗎？

不過，有一種激進的理論可以消除很多疑惑。這個理論認為，幾塊大陸並不是一直待在它現在所處的地方，它們也許一度靠陸地帶——「陸橋」——連接在一起。從十九世紀末開始，很多地質學家認為一些地方曾經出現過「陸橋」。有足夠的證據表明英國曾經和歐洲相連，這充分解釋了為什麼近代在英國出土熊、土狼和其他動物骨化石的地方，再也看不到這些動物的原因。很早以前，北美越過白令海峽與亞洲接壤，美洲印第安人和動物毫無疑問曾經往返兩地。「陸橋」連接非洲和南美的可能性似乎不高，但是，奧地利著名地質學家愛德華・修斯（Eduard Suess，一八三一－一九一四）在他有關地球的五卷鉅著（於一八八三至一九〇九年間出版）中卻對此提出質疑。他寫道，縱貫整個地質史，地球表面不斷的升升降降為非洲和南美的連接創造了條件。現在的「海床」應該就是以前兩塊大陸的接口。

即便是面對這樣一部五卷的鉅著，仍有人持懷疑觀點。德國人阿爾弗雷德・韋格納（Alfred Wegener，一八八〇－一九三〇）登場了。韋格納對地球氣候的興趣不亞於對地質學的熱愛。一九一二年，他就自己有關大陸移動的理論做了一個專題演講：「大陸漂移」的起源。一九一五年，他將這篇講稿出版成書。韋格納後半生一直不懈地為這個理論蒐集證據，他在率隊前往格陵蘭島尋找更多支持理論的線索時身亡。韋格納顛覆性的推論是：在大約二億年前，只有一塊廣袤的陸地——「盤古大陸」，被一片汪洋大海圍繞著。這塊超級大陸慢慢分裂成小塊並漂浮在海洋上，就像破裂的冰山在海面上漂流一樣。不同的是，冰山會融化消失，盤古大陸的碎片則變成了幾塊新的大陸。這還沒完，韋格納認為陸塊在不停地斷裂、移動，進程為大約每年十公尺。這個估算實在太離譜了——最新數據表明這個移動距離只是每年幾公釐而已。不過，任何事情日積月累的結果都是不可小覷的。

和韋格納志同道合的人不多，他的支持者主要來自他的祖國德國，多數地質學家覺得他的理論玄得像是科幻小說。二戰期間，潛艇開始大規模進軍海底。一個新發現在戰爭結束後被公布出來：海底有綿延不斷的群山和峽谷，還有死火山（甚至活火山）。地質學家哈里．海斯（Harry Hess，一九〇六－一九六九）在美國海軍服役。他追尋這些山脈和溝壑的走勢，從水下一直研究到他熟悉的陸地；他也關注「斷層線」，那是水面上和水面下地震和火山活動都十分活躍的區域。海斯得出結論：陸塊和海床一脈相通、互相滲透，陸地並沒有像韋格納假設的那樣「漂浮」。那麼陸地是怎麼移動的呢？

海斯的研究吸引了物理學家、氣象學家、海洋學家和地震學家加入，當然還有傳統的地質學家。他們全力以赴，各自運用不同的科學工具推算著地球的歷史。事情絕沒有這麼簡單。他們探入地殼的設備很快就被迅速升高的溫度熔化了。所以，我們對地球內部結構和組成的瞭解大多需要經由間接方式，而科學往往如此。

・陸地確實會移動

長期以來，人們認為火山噴發是地球在利用火山熔岩宣洩內部累積的過多熱量。從某種意義上來講，這樣說沒錯，不過，不夠全面。科學證明放射性元素，比如鈾，在衰變過程中自然地釋放出大量能量，這是地球內部的另一個熱源。既然放射性為地球提供持續的熱能補給，那麼由來已久的「地球曾是炙熱的狀態但現在逐漸冷卻」的說法，就顯得過於草率了。

至少，地質學家亞瑟．霍姆斯（Arthur Holmes，一八九〇－一九六五）認為它太過簡化。他認為，地球透過我們熟悉的對流方式，散發掉大部分內部持續生成的熱量。霍姆斯意識到關鍵的一點，這一切不是發生在地球的上層地殼，即我們生活的地表，而是在往地心的下一層，被稱作「地函」（mantle）的地方。他認為那裡的熔岩會緩慢地上漲，就像在浴缸裡的熱水一樣。當它們從較熱的地方上升到達溫度比較低的地區後就會冷卻，然後再下沉，被其他的熔岩代替，如此反覆，無休無止。其中有一些熔岩在上升的過程中遇到火山爆發，於是噴發而出。大部分熔岩一直藏在地表以下，但是在冷卻和下沉時擴散開來，提供了一種機制，把幾塊大陸一公釐一公釐地慢慢移動開來。

隨著對海洋深處和地表深層的勘探，一種新的計算星球年代的方法賦予「深邃時間」真正的含義。物理學家發現的放射性物質（第三十一章）奠定了放射性定年法的基礎。科學家們可以藉由對比岩石樣本中放射性元素和其最終產物（比如，鈾和鉛）的數量，識別岩石的年齡。因為在它們成形之後再也沒有納入新的物質了，利用這項技術，就有可能知道岩石的歲數。確定不同岩石層的年代有助於推算地球的歲數。有些岩石的年齡超過了四十億年，這麼古老的岩石永遠都是在陸地上，而那些沉在海底的都比較新。海洋沒有陸地那麼長壽，它們總是不斷地死亡和重生。當然了，這是一個漫長的進程。所以，今年夏天走在海灘上的時候，你用不著胡思亂想。（不過話說回來，人為的全球暖化致使兩極冰層不斷融化，未來幾十年內確實存在海平面上升的危險。）

岩石在形成的過程中吸收了放射性元素，並且保留了它所含的鐵或其他磁性敏感物質的磁場方位。磁性和放射性一樣提供了破解岩石年齡的依據。自地球存在以來，地球的磁極並非一直穩定不變。有那麼幾次，南極和北極轉了個圈，所以對南、北磁場方位的辨別也是判斷岩石形成的方法。如果過去經驗可靠的話，我們活著的時候指北針應該一直指向北方，我們的孫子看到的也應該是這樣，再往後就不一定了，而且是在不那麼遙遠的將來。

科學家透過磁性、地函熱對流、深海地貌和放射性定年法，捕獲古代地球環境的蛛絲馬跡。綜合所有線索後，足以讓研究地球的科學家相信韋格納幾乎是對的。對，是因為陸地確實移動了：衛星的精確測量證明了這一點。但他提出的「漂流」或「漂移」一說則是錯的。不過，約翰．威爾遜（John Wilson，一九〇八－一九九三）等人提出，靠近地表的地函上半部是由一系列巨大的板塊組成的。這些板塊連接在一起，覆蓋著地球，跨越陸地和海洋的分界。但它們並不是緊密接合的，所以在接口處出現了斷層線。這個結論為韋格納大膽創新的理論畫上了句號。「板塊構造學」就是研究兩個板塊靠近摩擦、重疊或碰撞造成影響的學科。想想地球上的最高峰——喜馬拉雅山的聖母峰吧，它之所以能這麼高，是因為七千萬年前兩個板塊相撞擠出了喜馬拉雅山脈。諾貝爾獎沒有地質學項目，不過也許應該設立一個。「板塊構造學」充分解釋了地震、海嘯、山巒和岩石、化石和生物的起源和演化。我們的地球是一個非常古老而奇妙的地方。

· 34 ·

遺傳帶給我們什麼？

你長得像媽媽還是更像爸爸？或者，你像祖父、姑姑或姨媽？如果你擅長踢足球，抑或彈一手好吉他，演奏笛子也在行，你家還有其他人有這樣的本事嗎？你只能從和你有血緣關係的人身上繼承這些特徵，而姻親關係是不行的。好比繼父或繼母，他們可以帶給你很多美妙的東西，但是你沒有遺傳到他們的基因。

我們現在知道，諸如眼睛和頭髮的顏色等很多東西都可以透過基因代代相傳。「遺傳學」就是研究基因的學問。我們用「遺傳」或「繼承」來描述基因擁有的資訊如何被傳遞下去。我們是誰這件事，基本上全憑基因做主。但是，人類是怎麼意識到這些小東西的大作用的呢？

讓我們簡單回顧一下查爾斯・達爾文（見第二十五章），達爾文的研究便是圍繞著遺傳展開的。雖然他沒有找出遺傳如何發生，但遺傳是達爾文物種演化論的精髓。自一八五九年《物種起源》面世以來，生物學家一直爭論不休。他們尤其對是否有時「軟」遺傳會發生興趣濃厚。「軟遺傳」的說法與法國博物學家讓－巴蒂斯特・拉馬克（Jean-Baptiste Lamarck，一七四四－一八二九）息息相關，他堅信物種的發展是逐漸演變而來的。以長頸鹿的長脖子為例：牠們是怎樣長期演化出來的？拉馬克解釋說，因為長頸鹿總是伸長脖子吃高高在上的樹葉，慢慢地有了一些細微的改變，這種改變代代相傳，代代累積，經過足夠時間的積累之後，一種短脖子的動物最後長出了修長的脖子。環境會和有機體互動，加以「塑造」或者說「改善」，然後可以傳遞給後代。

證明「軟遺傳」的實驗操作非常難。達爾文的表弟弗朗西斯・高爾頓（Francis Galton，一八二二－一九一一）進行了一系列謹慎的實驗，包括給白兔輸入黑兔的血，但是混血後的兔子後代並沒有什麼跡象表明受到了血液的影響；他還觀察了被斷尾的老鼠的後代，仍然沒有無尾的體徵。接受割禮的小男孩長大後照樣生育出了包皮完整的男性後代。

・後天取得的特徵無法遺傳

直到二十世紀初，對這一理論的支持與反對意見滿天飛。然後有兩件事使大部分生物學家接受了動植物在後天取得的特徵不能遺傳的觀點。第一件事是生物學界重提摩拉維亞（現屬捷克共和國）修士格里哥・孟德爾（Gregor Mendel，一八二二－一八八四）的文章。一八六〇年代，孟德爾曾經在一本鮮為人知的期刊裡發表了他在修道院花園的實驗結果，他痴迷豌豆的時間甚至早於高爾頓切斷老鼠的尾巴。孟德爾想知道，小心翼翼地把具有顯著特徵的豌豆「雜交」（用不同顏色的豌豆育種）後會結出什麼樣的豌豆。用豌豆做實驗的優點是它長得快，所以上一代傳給下一代的效果立竿見影。豌豆在豆莢裡的時候差異顯著——要麼是黃色，要麼是綠色，裹著的外皮可能是皺巴巴的，也可能是光滑的。他發現了這些特徵的遺傳具有精準的數學規律，但很容易就被忽略。如果一株綠色豌豆（種子是綠色）和一株黃色豌豆雜交，第一代則全部都是黃色。再用第一代的植物混合培育第二代，那麼每四株豌豆中則有三株黃色，一株綠色。黃色特徵在第一代占主導地位，但是到了第二代，豌豆的「隱性」特徵（綠色）再次出現。這個明確有力的規律說明什麼呢？孟德爾得出「顆粒」（particulate）遺傳的結論，意思是動植物以獨立單元的形式繼承祖輩的特徵，既不是一點一點地接受「軟遺傳」的改變，也不是父母雙方平均貢獻的結果。遺傳是絕對的，豌豆或綠或黃，沒有中間色。

孟德爾的文章無人問津的那些年，奧古斯特．魏斯曼（August Weismann，一八三四－一九一四）針對「軟遺傳」提出了第二個嚴重質疑。孟德爾注重的是修行，而魏斯曼自始至終是一個專注的科學家。這個擁有大智慧的德國生物學家是達爾文演化論的堅定支持者。但是，他也意識到演化論缺少對遺傳的準確解釋。於是，他選擇了自己拿手的細胞和細胞分裂作為解答之道。

菲爾紹比孟德爾的豌豆實驗早幾年提出了細胞分裂的理論（第二十六章）。在一八八〇至一八九〇年代，魏斯曼觀察到在形成卵細胞和精細胞時，生殖系統內「母細胞」的分裂相較於身體其他部分的細胞分裂迥然不同。這個不同正是關鍵所在。這個過程被稱作「減數分裂」，即「子細胞」內只有一半數量的染色體。而所有其他身體細胞的「子細胞」都有和「母細胞」數量相同的染色體。（如果你暈了，那就記住「母細胞」可以是任意一個存在的細胞，它會分裂成兩個「子細胞」，在身體各處都有。它們和真正的母子沒半點關係。）當卵細胞和精細胞結合後，各帶一半的染色體在受精卵中「合二為一」。這些生殖細胞與其他的體內細胞大不相同。魏斯曼主張忽略肌肉細胞、骨骼細胞、血管細胞或者神經細胞等其他細胞在遺傳中的作用，因為只有這些生殖細胞包含遺傳給後代的資訊。所以，再看看長頸鹿脖子的問題，假設的拉伸動作根本影響不了卵細胞和精細胞，而正是這兩種細胞攜帶著他所說的「種質」（germ plasm）。種質才是遺傳物質，在卵細胞和精細胞的染色體上，由此他把自己的遺傳理論命名為「種質連續」學說。

一九〇〇年，三個科學家分別發現了塵封的期刊上孟德爾的文章，他們喚醒了科學界對豌豆實驗的重視。生物學家領悟到，孟德爾已經為魏斯曼的「種質連續」學說提供最好的實驗證據了，而且很快就被稱為「孟德爾學說」，擁有穩固的科學根基。

・動植物變異數量增多的原因

科學界隨即分裂成兩大陣營：「孟德爾派」和「生物統計學派」。「生物統計學派」以統計學家卡爾・皮爾森（Karl Pearson，一八五七－一九三六）為首，推崇「連續性」遺傳理論，認為我們遺傳到父母特性的平均值。他們主持了重要的實地考察，測定出海洋生物和蝸牛的細微差別，並證明了這些不起眼的差異對決定後代的存活率（術語叫作「物種繁殖成效」）具有舉足輕重的作用。「孟德爾派」則追隨劍橋生物學家威廉・貝特森（William Bateson，一八六一－一九二六）。他創造了「遺傳學」一詞。孟德爾派側重於孟德爾證明的遺傳分離（分類）特徵。他們強調生物的改變不是生物統計學派所謂的日積月累，而是一蹴而就完成的。不過，兩方陣營都接受演化的「事實」：他們只不過是在爭論演化具體是怎樣實現的。

白熱化的對峙延續了大約二十年。到了一九二〇年代，有少數人開始表態說爭辯雙方看到的是同一個問題的正反兩面，各有對錯。很多生物特徵的遺傳是「混合的」、可以進行「生物學統計」的。高個子爸爸和矮個子媽媽養育的後代，身高可能是父母高度的平均值，或者說「混合」了父母的身高。有些孩子可能和爸爸一樣高（甚至超過爸爸），但是他們的平均身高應該介於父母的中間。人類眼睛的顏色、豌豆的顏色等其他特徵則只是「單親」遺傳，而不是父母雙方的「混合」遺傳。有些創新的生物學家在收集完整的族群數據後，運用數學方法推理，消除了孟德爾派和「生物統計學派」之間的隔閡，J・B・S・霍爾丹（J.B.S. Haldane，一八九二－一九六四）就是其中一位。他們接受了達爾文的先見之明，意識到任何族群突發的變異都可能遺傳給後代，但唯獨帶來優勢的突變才可以讓動植物倖存，其他類型的變異將逐漸消失。

「天生如此」何以實現也是一個關鍵問題。這是謎題的下半部分。托馬斯・亨特・摩爾根（Thomas Hunt Morgan，一八六六－一九四五）在紐約哥倫比亞大學的實驗室進行了大量的前期工作。他的事業起點是觀察動物的生命如何開始、胚胎如何發育。二十世紀初期，他開始關注新興的遺傳學，但他一生都沒有放棄對胚胎學的興趣。摩爾根實驗室可不是一個尋常的地方，大家戲稱那裡是「蠅室」，因為裡面養著千千萬萬代普通的果蠅（黑腹果蠅）。果蠅是方便易得的實驗對象。

牠們的細胞核裡只有四對染色體，摩爾根想要研究的正是它們的作用：染色體對傳遞遺傳特徵到底有多大貢獻？果蠅的染色體在顯微鏡載玻片上一目瞭然。而且它們繁殖迅速——放一盤水果，就等著瞧吧。短時間內實驗者就可以收穫好幾代果蠅，進而觀察不同特徵的果蠅雜交後的產物。如果你納悶他們為什麼要選果蠅做實驗，那就想像一下把果蠅換成大象會是什麼結果吧。

摩爾根的「蠅室」聲名遠揚，學生和科學家慕名而來。摩爾根成為現代科學研究管理模式的先驅：他身為「老闆」，負責界定問題把握方向，一群研究人員就在他底下開展工作。團隊內的年輕研究員在「老闆」的監督指導下操作實驗。摩爾根鼓勵成員各抒己見、協作互助，所以在他的團隊中很難看到「一枝獨秀」的現象。（摩爾根和兩位年輕的同事分享了自己的諾貝爾獎金。）

摩爾根的重大發現簡直就是天賜良機。他發現有一隻新孵化的果蠅長著紅色的眼睛，而不是普通的白眼睛。摩爾根先把牠隔離開來，再讓牠和普通的白眼果蠅雜交繁殖。他注意到，紅眼果蠅和白眼果蠅的第一代裡凡是紅眼的都是雌性。這個結果說明性染色體上攜帶著遺傳基因，染色體決定了後代的性別。其次，果蠅後代眼睛顏色的變化和孟德爾的豌豆實驗異曲同工——要麼是白色，要麼是紅色，絕對沒有粉紅色或中間色。摩爾根又觀察了小果蠅的其他遺傳特徵，比如翅膀的尺寸和形狀。他和同事在顯微鏡下仔細辨認了牠們的染色體，並著手為每條染色體繪圖，標識遺傳單元（基因）的位置。突變（改變）發生時，比如突然出現的紅眼，就可以幫助確定基因的位置。所以他們認真地分析細胞分裂時染色體的變化。穆勒（H.J. Muller，一八九〇－一九六七）是摩爾根的學生，他發現X射線會加速突變的發生，因此獲得了一九四八年的諾貝爾獎。他的工作為世界敲響了警鐘：要警惕輻射危害，無論它是來自原子彈還是用於醫學檢查的X射線。摩爾根還證明了染色體在分裂的時候偶爾會交換遺傳物質。這被稱作「互換」，是自然界動植物變異數量增多的另一個原因。

・優生學帶來的科學警示

大約在一九一〇至一九四〇年期間，摩爾根的團隊以及世界各地的許多人，一起促使遺傳學成為最激動人心的科學之一。越來越多的人把「基因」當作某種原料物質。它綁定在細胞的染色體上，經由卵細胞受精後，將等量的、分別來自父母的基因傳遞給後代。經證實，突變是演化的推動力。它們自然發生，就像穆勒研究的人工方法一樣，創造出變異。新的遺傳學成為演化論的堅定後盾。雖然「基因」的底細還沒有完全弄清楚，但是再沒有人質疑它的存在了。

新的基因觀對社會產生了不良影響。如果沒有「軟遺傳」，改善飲食、做運動或為善就不會改變孩子的基因，那麼想要優化後代，只能另闢蹊徑。幾個世紀以來，家畜和植物育種者一直在努力實踐達爾文的「人工選擇」，培育預期的物種，比如高產量的乳牛和多汁的番茄。一九〇四年，弗朗西斯・高爾頓（達爾文的表弟）建立了「優生學」實驗室，試圖干涉人類的生殖遺傳。他首創「優生學」一詞，意在表明「好的天分」。如果家庭成員的天資、創造力、犯罪性、瘋癲或惰性等特徵能夠表現出來（高爾頓相信一定會），那麼就應該鼓勵「優」的家庭成員生養更多的後代（「正優生學」），同時阻止「劣」的家庭成員多生養（「負優生學」）。「正優生學」在英國最為普遍，提倡者鼓勵接受過良好教育的中產階級多生育，因為據說這樣的夫婦「優於」普通的勞工夫婦。一八九〇年代末，英國政府對應徵入伍、準備參加南非波爾戰爭的新兵體能憂心忡忡。相當多的志願者體檢不合格，他們甚至扛不動步槍。一九一四至一九一八年第一次世界大戰期間，歐洲戰場上發生的大屠殺層出不窮。整個西方世界都在擔心自己國民的品質和體格。

「負優生學」更險惡。很多人理所當然地認為，應該限制精神混亂或弱智者、罪犯、身心障礙者和其他社會邊緣人的生育。在美國，很多州立法強迫這些人絕育。德國納粹從一九三〇年代起到一九四五年在二戰中戰敗的這段期間，做出了最殘酷的暴行。他們以國家的名義囚禁、殺害了幾百萬他們判定不適合生存的人。猶太人、吉普賽人、同性戀、精神失常或智力有缺陷的人、罪犯，他們全部被趕進集中營或處死。

納粹時代使「優生學」成為一個骯髒的詞彙。但是，稍後我們將會看到隨著科學家對「遺傳什麼」和「遺傳的影響」更加深入的理解，有些人開始相信「優生學」即將死灰復燃。人類需要科學，但是我們必須確保科學擇善而行。

· 35 ·

我們來自何處？

眾所周知，我們的近親黑猩猩和我們有九十八％的基因組相同。這個數字有點嚇人，但還是有些關鍵區別的。雖然牠們也交流，但是不會像我們這樣說話、聊天。而且我們能讀會寫。退一步說，我們發現「人科」的大家族，也就是常說的「類人猿」，是由人類、黑猩猩、大猩猩和猩猩共同組成的。這四組中，我們與大猩猩和猩猩的關係稍微遠一些，不過追根溯源，從某種意義上講，我們都是由同一個祖先、從同一支演化而來。那個時間挺久遠的，大概是一千五百萬年前吧。

我們發現「表親」類人猿既迷人又帶點瘋癲。那些曾經描寫過牠們、研究過牠們的人也有同感。他們想不明白，這種看起來非常像人類，可又和我們如此不同的粗魯動物是從什麼地方進入這個世界的。一六九九年，英國解剖學家愛德華．泰森（Edward Tyson，一六五一－一七〇八）得到了一具黑猩猩的遺體。他小心翼翼地解剖了這個奇特的動物，並且將牠和人類進行了比對。這是人類第一次近距離觀察黑猩猩。然後，泰森把牠放到亞里斯多德的存在巨鏈上——緊緊貼在人類的下一級。他認為這樣合情合理，因為他堅信在人類和其他動物王國之間還有一種動物。他雖然沒有直接表述，但是建議有必要在存在巨鏈上補充一個「缺失的環節」，以連接人類和其他動物。

在英國、德國和法國，考古學家挖掘出越來越多的人類手工製品，比如燧石箭頭和斧頭。這是幾千年前人類生活的鮮活物證。這些工具通常是在洞穴裡或滅絕動物石化群——可怕的劍齒虎和巨型長毛象——的化石遺址裡被發現的。很明顯，這些絕跡的動物和在石器時代製造了這些工具的人類生活在同一個時代。人類在地球上的歷史有好幾萬年了……當然，不是人人都贊同這個數字，但是達爾文的朋友湯瑪斯・亨利・赫胥黎（Thomas Henry Huxley，一八二五－一八九五）對此深信不疑。一八五六年，科學家在德國的尼安德谷發現了穴居的尼安德塔人，這令赫胥黎興奮不已。他在自己名為《人在自然界的地位》（*Man's Place in Nature*，一八六三）一書中，提到了這塊化石和現代人以及類人猿。現在我們知道它是第一塊和我們不同種的人族（*hominin*）化石，林奈早就給了我們人類一個生物學名字「智人」（見第十九章）。現在，「人族」一詞代表我們和我們已滅絕的遠古祖先，隨著化石證據的增多，這個群體不斷擴大。生命之樹在成長，逐漸枝繁葉茂。

・演化論的爭辯與衍生

與此同時，赫胥黎冷靜地意識到不能以偏概全，所以，他把尼安德塔人和現代人歸為同種。不過，赫胥黎確認它屬於非常古老的人種，他們在地球上有足夠長的時間完成演化。雖然尼安德塔人和我們極其相似，但終究是本同末異，所以在演化過程中肯定發生了一些變化。尼安德塔人有突出的眉骨和巨大的鼻腔，四肢和身體的比例和我們不同。這也有可能是個畸形人的遺體，並非另一個物種。後來我們知道，尼安德塔人是第一批會埋葬屍體的人族。

在偉大的達爾文接連出版兩本專著，列舉他對人類先祖的推斷和證據之前，赫胥黎對達爾文的人類演化論已經了然於心。一八七一年出版的《人類的起源》（*The Descent of Man*）彌補了達爾文在《物種起源》裡迴避的話題，它引人入勝地專門論述了世界的人種問題。一八七二年出版的《人和動物的情感表達》（*The Expression of the Emotions in Man and Animals*）則增加了重要的心理面向作為論據。他的書基於對自己孩子日常行為的細緻觀察，甚至是他們不經意間的微笑和鬼臉。人類和其他所有種類的動物、植物一樣，只是地球生物的一部分。達爾文推測我們的祖先可能生活在非洲，那裡是人類開始演化之地。

達爾文把演化描述成一棵「生命之樹」，意在說明我們的祖先不可能是現代的猿。但正是這個「猿人」親戚迅速激起了大眾的聯想。在英國科學促進協會擠滿人的牛津會議現場，他的演化論第一次成為公開熱議的話題。這個協會旨在推廣最先進的科學知識，每年舉辦一次例行會議，讓科學家們對新理論暢所欲言。一八六〇年的論壇充滿了戲劇性，「猿人」觀點引起轟動。人們熱切期盼著主教塞繆爾・威伯福斯（Samuel Wilberforce）帶領的反對派和赫胥黎的支持派就達爾文的演化論展開討論。威伯福斯自以為是地質問赫胥黎是不是從祖父祖母的猿群裡變出來的。赫胥黎回答說，他情願自己是從一隻人猿變來的，也不願意浪費自己的時間和精力去回答這個愚蠢的問題，結果威伯福斯一敗塗地。他一直執迷不悟，但赫胥黎和演化論成為當天的熱議話題。

人類在地球上的悠久歷史激勵了博物學家、人類學家和考古學家，他們提出一個問題：「人類的原始環境是怎樣的？」這時「穴居人」在英國和歐洲的洞穴裡被發現。毫無疑問，這些定居在洞穴裡的人曾經使用過火，武器、石器和廚具也全都出土。人類學家和探險家還在非洲、亞洲和南美找到了狩獵採集族的遺址，由此證明每一個人類社會都經歷了相同的社會發展階段。愛德華・伯內特・泰勒（E.B. Tylor，一八三二－一九一七）是牛津大學第一位人類學教授。他利用「倖存」理論為人類社會和文化進程鋪設了一條寬廣道路，這裡指的是社會行為、宗教習慣、封建迷信和不同的家庭結構。泰勒舉例說，這些「倖存」封存在非洲的「原始」人群裡，為我們提供了有關人類過去日常生活的線索。泰勒等人透過研究手語和其他的交流方式，想要確定語言的起源。

但是，這位早期的人類學家假定「原始」人類的生活是一成不變的，將生機勃勃的歐洲、北美、澳洲和紐西蘭與此對照，甚至漠視源遠流長、錯綜複雜的中國和印度文化，現在看來有些傲慢自大。演化論包含的競爭和奮鬥似乎可以解釋西方社會的貧富差距。隨著工業資本主義的強大，人們開始用「社會達爾文主義」——人類文明演化理論——分析為什麼有人富裕、有人貧窮，為什麼有的國家強大、有的國家弱小。「社會達爾文主義」主張，無論是個體、種族還是國家都是勝者為王。

・找尋上古時期人族化石

在一群人爭論社會達爾文主義的時候，另一些人在討論生物的演化。直到一八九〇年代，所有被挖掘出的人類化石都被當作「智人」看待。尼安德塔人還是未解之謎。為此，荷蘭人類學家尤金・杜布瓦（Eugène Dubois，一八五八－一九四〇）前往荷屬東印度群島，到猩猩的領地去尋找人類演化的證據。他在爪哇（現在的印尼）發現了一塊直立行走的非人類動物的頭蓋骨化石，並將其命名為「爪哇人」。人們將注意力轉向亞洲，亞洲成為眾望所歸的人類演化之地。「爪哇人」的發現和在法國克魯馬儂（Cro-Magnon）老人骨骼的發現，引發了關於「第一」的一系列思考：是先用兩條腿直立行走還是大腦發育在先？最早形成的是語言和社會生活嗎？

雖然是在亞洲發現更多人類出現以前的人族，然而二十世紀卻是非洲證明了達爾文預言的偉大。一九二四年，澳洲解剖專家雷蒙・達特（Raymond Dart，一八九三－一九八八）發現了一塊後來被命名為「董孩兒」（Taung child）的化石。南非醫生羅伯特・布魯姆（Robert Broom，一八六六－一九五一）則證明了其意義重大。「董孩兒」的牙齒和人類兒童的一樣，但是它的大腦卻比較類似猩猩，完全不能和人類的大腦相提並論。布魯姆認為達特發現的化石（包括隨後的一些發現，其中有一個成年人）就是人類的遠祖。達特稱它為「非洲南猿」（Australopithecus africanus），字面意思就是「非洲南方的猿」。現在認為它的年齡在二百四十萬至三百萬年之間。非洲在「董孩兒」後又出土了很多重要的化石，拼繪出人類演化的族譜。路易斯・李奇（Louis Leakey，一九〇三－一九七二）和瑪麗・李奇（Mary Leakey，一九一三－一九九六）讓人類的故事更加引人入勝。一九五〇年代，他們的工作主要集中在肯亞的奧杜威峽谷（Olduvai Gorge），路易斯・

李奇強調，早期的人族會製造工具。他把一個生活在一百六十萬到二百四十萬年前的人族化石叫作「巧人」，意即「手巧的人」。瑪麗．李奇在一九七〇年代發現一些保留在已硬化火山灰中的腳印。這些腳印是三百六十萬年前三個直立行走的人族跟隨其他動物時留下的，這就證明了是雙腳直立行走在先，大腦演化在後。

一九〇八年，英國開始挖掘南部東蘇塞克斯郡的皮爾當（Piltdown）村的採石場。一九一二年，當地的考古愛好者查爾斯．道森（Charles Dawson，一八六四－一九一六）對外宣稱找回了一個皮爾當的顱骨。這件珍稀樣本擾亂了二十世紀上半葉的人類化石研究，世界沸騰了。「皮爾當人」的顱骨似人，頜骨像猿，看起來完全就是那個丟失的「猿人」環節。很多著名的科學家針對這塊奇異的化石發表了論文。但是無論如何，都很難把它對上後續出現的新的人族和古代猿化石。「皮爾當人」疑點重重，但是在一九〇八年，人們並沒有辦法驗證它的真偽。是一九五〇年代早期的定年法揭開了這個彌天大謊。測定結果表明，「皮爾當人」的頭顱是現代人類的顱骨和被銼掉牙齒的猩猩頜骨拼湊出來的，在化學溶液裡浸泡後便有了年代久遠的樣子。沒人知道這是「誰幹的好事」。有幾個嫌疑人，但都是捕風捉影。道森自己的嫌疑最大。

「皮爾當人」被揭穿是一場鬧劇以後，科學家利用放射性定年法測定了其他人族化石的年代，經過比對他們的身體特徵，排列出大致的順序。尤其是化石「露西」，她帶著自己的「生平」介紹輾轉各地，成了一位「名人」。一九七八年，「露西」在衣索比亞被發現，她的骨骼大部分保持完整。

她生活在三百萬至四百萬年前，比「董孩兒」老很多。他們同屬「非洲南猿」屬，但「露西」是更早的「阿法南方古猿」（afarensis）——「遙遠的猿類」。「露西」的雙腿、骨盆和腳顯示，她極有可能已經會直立行走、爬樹和攀岩。她的腦室雖然沒有現代黑猩猩的大，但大腦和身體的比例已經超過黑猩猩。（大腦和身體的比例比簡單的大小更能說明心智功能：大象的大腦比人的大，但是腦身比例比人小。當然除了大腦的尺寸外，還有諸多衡量「智力」的因素。）「露西」帶有典型的「混合」特徵，不僅有著明顯的「人類」一面，而且成功地保留了她自己的特點。

我們從世界各地成千上萬的人族化石中，清晰地勾勒出人類演化的歷程。我們甚至可以辨別出他們吃了什麼，或者他們感染了什麼寄生蟲。這幅大拼圖遺失了很多碎片，導致對細節的諸多爭論：這顆牙齒說明什麼？腿骨的形狀代表什麼？不斷挖掘出的新化石一定會帶來更多的驚喜。二〇〇三年，澳洲考古學家邁克．莫伍德（Mike Morwood）一行在印尼弗洛里斯島（Flores）尋得了一些小型人族化石。他們是生活在一萬五千年前的未知人種。至今為止，我們也不能確定「弗洛里斯人」（暱稱「哈比人」）的準確身分。採用DNA分析（確認生物關係最可靠的方法）也是無果而終。

經研究得出尼安德塔人和現代人的關係，也是激動人心的成果。可以肯定，他們和大約五萬年前生活在歐洲的「智人」是同代人，我們提取了他們的基因。難道作為「現代人」的智人的出現是尼安德塔人絕跡的原因？這一點目前還不能確定。他們和其他人通婚嗎？也許吧。尼安德塔人和智人都曾經歷了冰河覆蓋歐洲的極寒氣候，而尼安德塔人沒能躲過這一劫。

為了利用不同年代和不同區域的化石重新建構人類的家族之樹，我們應用了用在馬和河馬等動物身上的相同手段和技術。當然，對待人不能像對待河馬那樣，這裡涉及我們的情感。但是事實擺在那裡，古生物學家、人類學家、考古學家和其他專家一直在拼湊各種碎片。最終，他們用證據表明，包括「智人」在內的人族都源自非洲，並從那裡擴散到世界各處。我們對早期人族的移民知之甚少。他們是不是曾多次從非洲外遷呢？是什麼強化了大腦的發育，並促使我們和近親分道揚鑣的呢？當我們想到遠祖的時候，應該銘記科學是用來解釋「怎樣」而非「為什麼」，正如赫胥黎的著作題名一樣，我們要知道的是「人在自然界的地位」。

· 36 ·

神奇的藥物

地球上大概有 5×10^{30} 種細菌，就是五的後面加上三十個零那麼多——這是一個讓人不知所措的數字。地球上，細菌無處不在：它存在於土壤裡、海洋裡、深埋地心的岩石上、北極冰裡、間歇噴泉的沸水裡、我們的皮膚上，還有我們的身體裡。細菌做著各式各樣有益的事情——想像一下，如果沒有它們蠶食垃圾會發生什麼？我們也是它們「消化功能」的受益者。內臟裡的細菌幫助我們把食物分解成蛋白質和維生素。有些細菌甚至可以和其他的微生物——真菌——結合，製造出有用的藥物。大部分人服用過這類抗生素。

十九世紀，科學家發現有些細菌危害無窮，會導致疾病和傷口感染。在第二十七章，我曾經講述過科學家認同「微生物」致病理論的過程。之後，他們立即著手研製既能殺死入侵的細菌又不傷害身體細胞的藥物。德國醫生保羅·埃爾利希（Paul Ehrlich，一八五四－一九一五）說過，這是在尋找「神奇的子彈」。他用砷合成了一種治療梅毒的藥，但是在使用的時候必須十分謹慎，因為它有毒性和嚴重的副作用。

到了一九三〇年代中期，德國藥理學家（藥理學是研究藥物的學科）格哈德·多馬克（Gerhard Domagk，一八九五－一九六四）開始採用化學元素——硫。他配製出一種叫作「百浪多息」（Prontosil）的合成藥，有效地治療了多種細菌引起的疾病。當時，正趕上他女兒的手感染了鏈球菌，這是一種引起皮膚感染的惡毒病菌。醫生們都說唯一保全性命的方法是截肢。於是他女兒成為這種新藥的第一批試用者之一。「百浪多息」成功地消除了感染，還可以擊退可怕的猩紅熱和產褥熱——

產後婦女致命的細菌感染。自從一九三六年「百浪多息」普及以來，這些疾病的死亡率奇蹟般地降低了。它和其他磺胺類藥品成了醫生治療特定細菌的良藥。一九三九年，多馬克獲得了諾貝爾獎（但是，那時納粹禁止德國人接受此獎項）。

一九四五年，由於發現一種新藥，又有三個人獲得諾貝爾獎。蘇格蘭人亞歷山大．弗萊明（Alexander Fleming，一八八一－一九五五）、澳洲人霍華德．弗洛里（Howard Florey，一八九八－一九六八）和來自德國的流亡者恩斯特．柴恩（Ernst Chain，一九〇六－一九七九），因研究出第一種「抗生素」青黴菌（亦稱盤尼西林）而共同獲獎。「抗生素」由一種能夠消滅其他微生物的微生物製成的，這種有益於人類的東西可以抑制在自然界之中無處不在的有害微生物。青黴素是經天然微生物「青黴菌」純化而得，那是一種黴，或者說是真菌。在過期發霉的麵包上你會看到一小圈藍色的真菌。如果你喜歡吃蘑菇，那你無疑就是喜歡吃另一種真菌。我們的星球上估計有一百五十萬種真菌。它們有複雜的生命循環，包括孢子階段，類似於植物的種子時期。如今，抗生素可以由實驗室創造出而不是取自天然來源，但基本原理是一樣的。

青黴素的故事要從一九二〇年代講起。就像所有引人入勝的好故事一樣，它也有多個版本。其中一個版本開始於一九二八年。一天，有一粒黴菌的孢子穿過敞開的窗戶飛進了亞歷山大．弗萊明在倫敦聖瑪麗醫院的實驗室。弗萊明發現，養在培養皿裡的細菌接觸到孢子以後就停止了生長。他鑑定出這是青黴屬的孢子，而後經過深入研究，他向其他細菌學者公布了結果，但是他不知道怎樣恰到好處地利用孢子生成的產物。所以，他只留下了一份古怪但或許前途無量的實驗室觀察報告。

‧青黴素和鏈黴素的誕生

十年後，歐洲陷入第二次世界大戰的戰火中。戰爭總是引發傳染病，士兵和百姓深受其害。定居於英格蘭的病理學專家霍華德‧弗洛里受命尋找抗感染的特效藥。他的合作夥伴之一恩斯特‧柴恩開始忙著查閱資料，凡是能找到的都不放過，於是他發現了弗萊明的舊報告。然後，他嘗試提取由青黴菌生成的活性物質。一九四〇年三月，他們的實驗助理諾曼‧希特利（Norman Heatley，一九一一－二〇〇四）發現了更好的提取方法。在戰亂的困難時期，由於原料有限，他們只好把便盆和牛奶桶作為盛放培養液的容器。最終他們獲取了一些相對純淨的青黴素，而且老鼠實驗證明青黴素對抗感染的效果顯著。但是純化這種神奇物質極其因難：一噸青黴素原液只能生成兩克藥。他們的第一個病人是一名警察。他被玫瑰刺扎到後傷口感染，用藥後狀況迅速改善。他們過濾他的尿液，以便收集藥物殘渣。可惜藥用盡的時候，他的生命也走到了盡頭。

一九四一年七月，鑒於英國在戰爭時期沒有物力生產足夠的青黴素，弗洛里和希特利飛到美國，試圖說服美國的製藥公司來生產。弗洛里是傳統的科學家，一廂情願地認為他們這類造福眾生的研究成果沒有必要申請專利（申請專利是保護發明者理念、防止被他人剽竊的手段）。美國人可不這麼想。有兩家公司研發了大規模生產青黴素的特殊技術，為了收回投資，他們申請了專利。這意味著任何人都不可以採用他們的方法製藥。到一九四三年，青黴素僅供軍隊和部分市民使用。事實證明，它對鏈球菌、導致肺炎的某些生物、多種傷口感染和一些性病同樣有效。所以，很快就有大量青黴素被生產出來，確保救治那些有藥則活、無藥則亡的人，尤其是那些浴血奮戰的士兵們。

就在弗洛里團隊致力研究青黴素時，賽爾曼・瓦克斯曼（Selman Waksman，一八八八－一九七三）正在研究細菌本身的抗菌性。一九一〇年，瓦克斯曼從烏克蘭搬到美國。他痴迷於土壤裡的微生物，發現它們在土壤裡進行的生死之爭。從一九三〇年代末開始，他一直努力從有抗菌作用的土壤細菌中分離出化合物。他的學生幫助他分離出一些有效物質，但都因毒性太大而無法應用於人類。一九四三年，一名學生分離出鏈黴菌，製成「鏈黴素」，這種藥物作用強且危害小，令人振奮地抑制了肺結核菌，在十九世紀那可是疾病裡的頭號殺手。當時，這種疾病在西方已經有所收斂，但還是隨處可見。患者通常是年輕人，疾病使他們的父母至親老無所依，有的則留下孩子孤苦伶仃。

青黴素和鏈黴素拉開了抗生素和其他化學藥品全面治療傳染病的序幕。二戰剛結束的幾年內，人們非常樂觀地相信藥物擊敗甚至根除傳染病的能力。在西方，除了類似愛滋病的新型傳染病還在蔓延，幾乎很少有人死於感染。毫無疑問，二十一世紀的許多年輕人比他們的父輩和祖輩過著更健康的生活。

・把快速致命的疾病轉化成慢性病

一九六〇年代，如果那些沉浸在樂觀中的人願意靜心回憶一下早期「神奇藥物」的故事，他們可能就會明白世上並沒有奇蹟。這個早期的藥品就是胰島素，從一九二〇年代開始便被用來治療糖尿病。糖尿病很可怕，倘若置之不理，病人會持續口渴、頻繁小便，直至身體消耗殆盡，骨瘦如柴地陷入昏迷，最後死亡。患者多數是年輕人，這種病有時會嚴重影響他們的壽命。糖尿病是一種複雜疾病，由於胰臟——靠近胃的一個器官——分泌胰島素的特殊細胞罷工所致。胰島素是攜帶化學「資訊」的激素，用於維持血液的標準含糖量（葡萄糖）。

青黴素的發現靠的是幸運，但胰島素可不是，那是一個堅苦卓絕地研究身體功能的過程。研究人員摘除了狗（還有其他動物）的胰腺，隨後那些動物患上了類似糖尿病的疾病，由此證明了胰腺的作用。一九二一年整個夏季，加拿大多倫多大學教授J・J・R・麥克勞德（J.J.R. Macleod，一八七六－一九三五）都沒有出現在實驗室裡。年輕的外科醫生佛瑞德・班廷（Frederick Banting，一八九一－一九四一）和他的醫科學生助手查爾斯・貝斯特（Charles Best，一八九九－一九七八）操作了一系列簡單的實驗。在生物化學家詹姆斯・科利普（James Collip，一八九二－一九六五）的幫助下，他們成功地從狗的胰臟中提取並純化了胰島素。然後，他們把胰島素注射到取走胰臟的實驗動物身上，結果牠們的糖尿病痊癒了。

胰島素被譽為「神奇的力量」，直接把這類糖尿病患者從死神的手裡搶救回來。一九二二年，十四歲的雷納德・湯普森（Leonard Thompson）成為第一個接受胰島素注射的人。當時，住在醫院裡的雷納德體重極輕，已經奄奄一息。注射胰島素後，他的血糖值回到了正常水平，而且體重回升，並最終帶著注射器和胰島素出院了。

一年後，班廷和麥克勞德教授獲得了諾貝爾獎，他們與貝斯特和科利普分享了獎金。這麼快就授獎給他們，說明人們高度認可他們工作的重要性。胰島素**曾經**意義非凡。它延長了許多可能要命喪黃泉的年輕人的生命，但是，卻不能給予他們「正常」的生活。

糖尿病患者要控制膳食、定期注射胰島素、經常測量尿液中的含糖量。不過，這總比失去一切強得多。但是十年或者二十年後，這些早期的糖尿病患者便開始出現其他的健康問題：腎衰竭、心臟病、視力下降和痛苦難忍的雙腿潰瘍。胰島素把快速致命的疾病轉換成了消磨一生的慢性病。超重的成年人容易患上第二型糖尿病，這是現在最常見的類型。越來越多的患者忍受著同樣的折磨。現代飲食不但含有過多糖分，而且加工過度，導致肥胖現象蔓延。醫學手段採用藥物降低血糖，然而第二型糖尿病人的後半生仍然不可避免地要面對前面提到的諸多問題。藥物終究不可能像我們的自然調節系統那樣完美地調節體內糖分。

大自然已經告訴我們不能依靠青黴素和其他的抗生素。它們的確效果卓著，但是病菌已經對它們產生了耐藥性。達爾文發現的「天擇」適用於整個自然界，對於用來殺死病菌的抗生素，很多細菌已演化出防禦能力。葡萄球菌和結核桿菌（它會導致結核病）就表現出良好的耐藥性。和其他所有的生物一樣，有時它們的基因會自己變異並遺傳給下一代，以增加它們的存活率。現在對抗感染就像貓抓老鼠的遊戲：不斷地研製新藥，以打擊不停演化、幾乎是道高一尺魔高一丈的細菌。最近，MRSA（抗藥性金黃色葡萄球菌）帶來了新的麻煩。金黃色葡萄球菌是我們體表上常見的細菌之一，但也可能因抓傷而引起尋常的輕微感染。它的耐藥性極其危險，在醫院裡最常見，因為那裡大量使用抗生素，倖存的細菌總是具備防禦能力。而且，阻撓我們控制疾病的不單單是細菌，導致瘧疾的寄生蟲幾乎能抵抗所有的藥物。

現在我們知道，如果用藥的病人沒有服用完整的療程或者吃錯劑量，都會給病菌的耐藥性創造可乘之機。亂用藥也不行——給病毒引起的感染、感冒或者喉嚨痛的病人開抗生素就不恰當。（抗生素抑制細菌，但對病毒無計可施。）如果你吞下的抗生素不夠殺死病原菌，反倒有可能助長耐藥性細菌的演化。在將來，那些細菌就可能會招來不可治癒的疾病。

如今，醫生有了更多的強效藥品來解決這些難題。有些藥物，比如胰島素，能控制疾病而非治癒疾病。但所有的現代藥物，在「已開發」國家已經能用來延長人的壽命。事實上，很多「開發中」國家的預期壽命已經有所提高。但是，嚴峻的問題依然擺在眼前：並不是人人看得起醫生、吃得飽飯、擁有潔淨的水源和舒適的住所。從一九九〇年代早期開始，富裕國家的貧富差距在擴大，富國與窮國之間的差距也在加大。這是不應該發生的。

如今，各國加大了對醫療照護的投入，我們有了很多診斷和治療疾病的精密科技。不過，現在開發和測試新藥物的開銷比當年的青黴素大很多。無論如何，我們要盡可能地照顧好自己。不管藥物多麼神奇，「預防勝於治療」是不變的真理。

· 37 ·

生命的構建單元

隨著時間推移，科學家轉向各自選擇的專長領域發展。按照慣例，生物學家研究生物，化學家研究化學，物理學家研究物理。但是，一九三〇年代，有一批化學家，後來又有一群物理學家認為，他們出手解決生物問題的時機到了。當時，人們已經清楚地意識到活生生的有機體——生物學家的研究對象——是由元素週期表裡的某些化學元素組成的，比如碳、氫、氧和氮。化學研究的跟物質的結合和相互作用有關，而物理則在探索滿載著原子和亞原子粒子的物質和能量。難道這不是多了一條理解化學元素的途徑嗎？簡而言之，是不是可以用化學反應和物理的原子結構解釋生命體呢？也許還能找到科學史上最古老問題的答案：生命是什麼？

二十世紀前幾十年，摩爾根用小果蠅證明，細胞核裡的染色體攜帶著遺傳「原料」，「原料」用在這裡恰如其分。遺傳學者把這些「原料」的作用分析得很透徹。他們描述了在染色體不同位置的不同基因怎樣影響眼睛或翅膀的發育。他們甚至展示了X射線引發的異形翅膀突變，因為他們相信自己改變了基因。但是他們那時還不知道基因是什麼。

蛋白質是基因的原料嗎？蛋白質是人體內很多反應的基礎。它是分子生物學家系統研究的第一組化合物。正如名字顯示的那樣，分子生物學是闡述分子在生命體中的化學性質和功能的科學。蛋白質可以算是最大、最複雜的分子，由比它小、比它單純的化合物——胺基酸組成。要瞭解蛋白質，可以從易到難，先用化學的合成法和分析法檢驗胺基酸的成分。大約有二十種胺基酸是構建單元（building-blocks），透過不同的組合組成動植物體內全部的蛋白質。

這些胺基酸是如何搭配出蛋白質的，這是個更棘手的問題。物理學家就是從這裡入手——仍然是X射線提供了線索。首先他們製出蛋白質晶體，接下來用X射線轟擊晶體。穿過晶體的射線會彎曲，或者以某種特定的形式反射回去，就像我們知道的繞射一樣。乾版底片可以捕獲這些圖像。

讀取這些圖像是高難度的技術工作，因為它們就是一片讓人眼花繚亂的小點和陰影。你要把看到的平面二維圖像想像成立體的，即使戴上一副3D眼鏡也幫不上忙。就算你能看出來，還需要運用化學知識去解釋這些元素是怎樣連結在一起的。當然，數學也要強。牛津大學的化學家桃樂絲·霍奇金（Dorothy Hodgkin，一九一〇－一九九四）接下這個燙手山芋。我們對青黴素、維生素 B_{12} 和胰島素結構的掌握，部分要歸功於她對X射線晶體學的研究貢獻。一九六四年，她獲得了諾貝爾化學獎。

·破解基因的分子結構

萊納斯·鮑林（Linus Pauling，一九〇一－一九九四）也是使用X射線分解複雜的化學化合物結構的高手。他和同事透過一系列巧妙的實驗得出，哪怕我們紅血球的血紅素分子上只缺少一個胺基酸，也會患上一種嚴重的疾病：鐮狀細胞貧血症（這種病症的紅血球不是正常的圓形，而是鐮刀狀）。這個分子缺陷在瘧疾流行的非洲最為常見。現在，我們知道那些有這種缺陷的人因禍得福了，因為正是鐮狀細胞防禦了最嚴重的瘧疾。他們只帶有父母一方的特點（單個基因，孟德爾的豌豆實驗顯示的遺傳方式），即輕度貧血，但是遠離了瘧疾。這是人類演化的實例。繼承父母雙方鐮狀細胞基因的人則患有嚴重的貧血症。鐮狀細胞貧血症的症狀早在二十世紀初期就已經確認，五十年後，鮑林運用新的分子生物技術破譯了病情的發展，同時開啟了醫學的新時代：分子醫學。

鮑林取得了蛋白質的勝利之後，距離「破解基因的分子結構」這個最高獎項只有一步之遙了。他的X射線實驗證明很多蛋白質都有著特殊的形狀，比如生成頭髮和肌肉的蛋白質，以及攜帶氧氣的血紅素分子的蛋白質。它們通常纏成漩渦狀（螺旋結構）。直到一九五〇年代初期，很多科學家認為基因是由去氧核糖核酸組成的，也就是我們更熟悉的說法DNA。實際上，一八六九年DNA就被發現了，但是人們花了很長時間去瞭解它的作用和面貌。一九五二年，鮑林提出DNA是一條三股纏繞在一起長長的螺旋形分子，稱為「三螺旋」。

鮑林在加州廢寢忘食地工作的時候，英國的兩個小組也在緊隨他的腳步。倫敦國王學院的物理學家莫里斯·威爾金斯（Maurice Wilkins，一九一六－二〇〇四）和化學家羅莎琳·富蘭克林（Rosalind Franklin，一九二〇－一九五八）投身到分子生物學之中。富蘭克林尤其擅長運用X射線晶體學成像進行分析。在劍橋，年輕的美國人詹姆斯·華生（James Watson，生於一九二八年）放棄以前對鳥類學的興趣，改和法蘭西斯·克里克（Francis Crick，一九一六－二〇〇四）合作。克里克曾經學習物理，在二戰期間是英國海軍部的物理專家，後來作為成年學生回大學攻讀生物學。華生和克里克將成為科學史上赫赫有名的雙人搭檔。

克里克貢獻了他用X射線分析蛋白質結構的經驗。他和華生都知道，在細胞核裡的染色體上發現的DNA和三十年前摩爾根所分析的為同一物。為了有助於看出DNA可能的結構，他們製作了紙模型。受到富蘭克林圖像的啟發後，他們又在一九五三年年初製作了一個對應所有X射線數據的新模型，他們認為，這一次錯不了。傳聞說當晚他們在酒吧的慶功會上大聲宣布自己揭開了「生命之謎」。

如果當晚和他們一起喝酒的人還有點搞不清楚，不懂他們的意思，那麼科學週刊《自然》[20]的讀者可謂茅塞頓開。在一九五三年四月二十五日那一期，克里克和華生發表了他們的成果，同期雜誌還刊登了倫敦的威爾金斯和富蘭克林團隊的一篇論文。不過，是克里克和華生證明DNA是雙股螺旋形結構，而不是像鮑林說的那樣。兩條鏈子中間有橫向物連接，所以它看起來像一條長長的彎曲梯子扭成螺旋狀。梯子的支柱是「D」，即分子和磷酸鹽「去氧核糖」的部分。梯子每一級橫檔都是一對分子：腺嘌呤（adenine）與胸腺嘧啶（thymine），或者是鳥嘌呤（guanine）和胞嘧啶（cytosine），這就是分子的「鹼基對」。那麼，如果結構如此，那麼怎樣用它解釋「生命之謎」呢？

20 《自然》（*Nature*）為世界上歷史悠久、最有名望的科學雜誌之一，於一八六九年創辦，很多最重要、最尖端的科學研究結果都在此發表。——編注

連接鹼基對的是氫鍵。細胞分裂的時候，螺旋還沒有形成，它們並沒有絞在一起。那兩部分現在是模板，供細胞造就完全相同的雙鏈。華生和克里克利用這一點證明了從父輩到子輩的基因傳遞，以及「子細胞」如何獲得與最初的「母細胞」相同的基因組。這個解釋簡潔明瞭、一步到位。一九六二年，科學界完全認同了DNA的結構和作用，克里克、華生和威爾金斯共同獲得了諾貝爾獎。官方允許最多三個人分享獎項，但是人們沒有忘記羅莎琳・富蘭克林：一九五八年，她死於卵巢癌，年僅三十八歲。

・理解了千萬年來演化的動力

克里克等人知道基因在遺傳上的作用以後，繼續尋找它對活體如此重要的原因所在。基因每天的工作就是合成蛋白質。「基因密碼」由鄰近的三個梯級組成，每三級一組（密碼子），其中每一組代表一種胺基酸。胺基酸生成血紅素和胰島素一類的蛋白質。克里克講解了這些DNA分子上的一小部分物質是如何為胺基酸提供密碼的。遺傳學者意識到DNA分子鹼基對的順序是關鍵，因為它決定了哪種胺基酸參與蛋白質的形成。蛋白質是非常複雜的分子，有時包含幾十種胺基酸，這時就需要一條長長的DNA序列。

科學家基於對DNA的初步瞭解，終於明白了摩爾根「蠅室」裡的機密。摩爾根一直觀察的是整個有機體的可見特徵——在他眼裡就是那些長著普通的白眼睛，或者是那些突變成紅眼睛的果蠅。這種肉眼能夠看出來的特點被稱作「表現型」。此後，科學家開始進入整個有機體底下的另一個層面，即基因的研究——現在被稱作「基因型」。

發現DNA結構是現代生物學歷史的巨大轉折點。它證明了生物學家可以讀取細胞裡分子的內容，而在以前，這些都是化學家的事。現在人人都想觸類旁通。後來的研究發現，胺基酸和蛋白質都是在細胞核外的液態細胞質裡生成的。科學家在觀察這座小蛋白質工廠生產過程的同時發現了RNA——核糖核酸。它和DNA類似，但只有單股，而非雙股，是另一種糖。對於將細胞核裡的DNA資訊流傳遞到細胞質內的蛋白質工廠，RNA起著重要作用。

分子生物學家改變了我們對病因的認識。他們揭示了蛋白質，比如胰島素調節血糖的過程；他們對我們最忌憚的現代疾病癌症也有了更深入的瞭解。雖然所有的癌症都可能擴散成全身性疾病，但是它們也是從單個細胞突變開始，在應該停止分裂的時候仍然一意孤行，肆無忌憚。這些如脫韁之馬的細胞貪婪無比，它們無休止地消耗體內的營養，一旦侵入要害器官就開始擾亂器官功能，加重病情。在研發出更好的藥品延緩、甚至阻止細胞分裂前，當務之急是從分子的層級找出發生的源頭。

在人類這種大型而複雜的動物身上進行如此繁複的研究困難重重，所以很多分子生物學家依靠相對簡單的有機體展開研究。大量早期驗證ＤＮＡ和ＲＮＡ實際功能的研究都是利用細菌完成的，癌症的實驗對象則是老鼠一類的動物。把研究成果轉移到人體並非易事，不過現代科學遵循的就是這樣的規律：從簡單到複雜。這個方法幫助我們理解了千百萬年來演化的動力。至此，我們終於認識了主宰我們命運的分子——「ＤＮＡ」。

· 38 ·

閱讀「生命之書」：人類基因組計畫

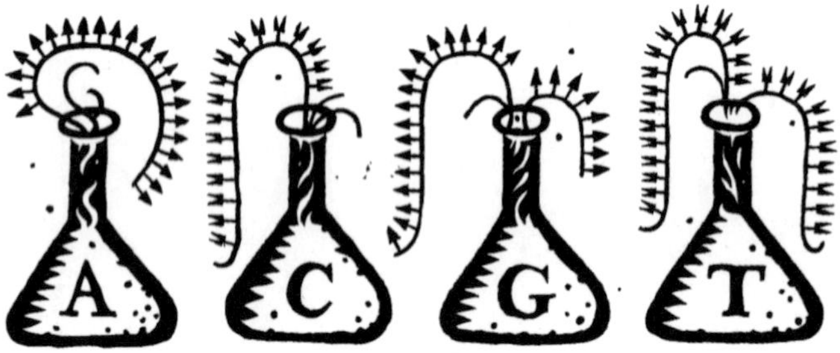

人類大約有兩萬兩千個基因（準確數字還在研究之中）。這是誰說的？是那些世界各地參與「人類基因組計畫」的科學家告訴我們的。從事這項偉大工程的科學家利用DNA定序統計出我們的基因數目，回答了克里克和華生公布DNA結構時遺留的問題。「定序」代表的是「位置」，即組成我們基因組的三十億「鹼基對」中的每一個分子在染色體上的位置。我們每一個細胞核裡的雙螺旋結構上，都排列著不計其數的腺嘌呤和胸腺嘧啶、鳥嘌呤和胞嘧啶分子。

如果瞭解DNA可以破解「生命之謎」，那麼「人類基因組計畫」就是在讀一本「生命之書」，其內容就是你的基因組。你的一切都和基因有關，包括從頭髮的顏色到小腳趾的形狀，也包括那些不易得見的事：比如子宮裡受精卵接到指令後從一個分化到兩個、四個，最後長成一個寶寶。基因控制著細胞裡製造蛋白質的生物進程，比如調節血糖的胰島素；激發大腦的化學物質透過神經傳遞資訊。

「人類基因組計畫」在一九九〇年啟動，預計到二〇〇五年完成。二〇〇〇年六月二十六日，在距結束還有五年時間的時候，發生了一件舉世矚目的事：美國總統和英國首相在參與該計畫的部分科學家陪同下，透過電視直播，大張旗鼓地向世界宣布已經勾畫出人類基因組的大致輪廓。兩位世界領導人的出席足以顯示破解人類基因組的非凡意義。之後，科學家又花了三年時間完善這本生命之書。他們填補空缺、修正錯誤，終於在二〇〇三年大功告成，比原先規畫的提前兩年。在進行計畫的那幾年期間，科學家應用的方法和技術也都提升了，尤其是電腦在科學研究上的輔助功能。

・繪製出DNA序列

DNA被發現之後，基因組計畫在接下來的幾十年蓬勃發展。一九五三年，克里克和華生帶來一個重大啟示——可以透過「複製」DNA雙股螺旋，有針對性地提取DNA分子某一部分進行研究。一九六〇年代，分子生物學家利用酶和細菌實現了這個理想。酶是一種無所不能的蛋白質，它們不同的結構決定各自的職責，分割DNA是它們的本職之一。被分成一段一段的DNA以獨特的方式進入細菌內部。細菌的繁殖速度非常快，新加入的DNA片段隨著細菌的繁殖不停地複製。大量的副本，即選殖株（clones），就是下一步的研究對象。這個過程創造了無數驚喜，不過這才剛剛開始。整個細胞都可以像DNA片段一樣被複製。小羊「桃莉」就是第一隻利用成羊細胞複製的哺乳類動物。牠於一九九六年出生，二〇〇三年死去。複製技術一路突飛猛進，已經成為分子生物領域最有新聞價值的研究之一。

既然科學家掌握了大量DNA片段作實驗之用，他們便著手解決DNA定序的問題：揭開DNA分子的鹼基對序列。這項工作非弗雷德里克・桑格（Frederick Sanger，一九一八－二〇一三）莫屬。他是英國劍橋分子生物學家，因確定胰島素的胺基酸序列而獲得了一九五八年的諾貝爾獎。

胺基酸和DNA的主要區別之一就是DNA分子太長，攜帶的鹼基對比蛋白質含有的胺基酸多很多。而且，胺基酸的化學特徵個個都不太一樣，但DNA的鹼基卻彼此貌似，更難區分。桑格結合自己和他人的經驗，利用放射性標記物、化學方法和酶成功地截取了一小段DNA鏈。他運用各種生物化學法分離出腺嘌呤、胸腺嘧啶、鳥嘌呤和胞嘧啶，證明它們是化合物，在化學和物理屬性上存在細微差別。其中「電泳法」取得的效果最明顯。

桑格團隊對DNA片段進行了反覆的實驗和數據對比，力求實驗結果精準有效。整個過程漫長而枯燥。他們觀察了無數截斷鏈的起點和終點後，終於拼接成一條長鏈，繪製出實用的DNA序列。一九七七年，他們首次成功地識別一個有機體的基因組——不起眼的噬菌體 phi X 174。它是可以侵染細菌的病毒，是分子生物實驗室用來作為工具的常客。一九八〇年，桑格再獲諾貝爾獎，彰顯他研究成果的意義。

下一個目標基因組還是停留在實驗室裡。儘管困難重重，分子生物學家依舊持之以恆地編繪著DNA序列。與此同時，電腦運算的創新有助於分析短鏈上的鹼基排列方式。科學家急切地朝目標方向前進：如果他們確實知道一個生物擁有哪些基因，以及每個基因生成何種蛋白質，他們將能從受精卵到成體一個細胞一個細胞地破解形成生物的最基礎物質。

果蠅顯然是實驗的候選對象。在一九五〇年以前，托馬斯・亨特・摩爾根小組已經對牠們的遺傳模式進行了大量研究，並且完成了初步的基因圖譜。另一個備選是小蛔蟲「秀麗隱桿線蟲」。牠只有一公釐長，有九百五十九個細胞和簡單的神經系統。現在怎麼看牠都不像寵物，但卻是悉尼・

布瑞納（Sydney Brenner，一九二七－二〇一九）多年來偏愛的實驗室動物。一九五六年，布瑞納從南非走進劍橋的分子生物學實驗室（LMB）。從一九六〇年代開始，他一直專注於秀麗隱桿線蟲，因為它的細胞可以被一覽無遺。他有信心準確地判斷出即將發育成個體的胚胎細胞。他希望由此揭示蛔蟲的基因組，這樣他就可以用基因解釋成蟲如何執行其生理機能了。

・人類能否預知疾病、保持健康

在研究過程中，布瑞納和他的團隊透過觀察動物細胞的日常活動大受啟發。細胞有一項不可迴避的重要工作：在該死的時候死掉。動植物不停地生出新細胞：回憶一下你長時間泡在浴缸裡的時候皮膚的樣子。我們要去除死皮，讓皮膚底層新鮮活躍的細胞取而代之。生物的生死完全是自然規律，而基因掌控著整個進程。這也是癌細胞可怕的原因所在：這些細胞不知道自己應該在什麼時候死去。現代癌症研究的關鍵環節之一，就是設法影響未能告訴細胞該停止分裂的那個基因。布瑞納和他的兩名同事以低等蛔蟲為對象的研究成果，贏得了二〇〇二年的諾貝爾獎。

那時，他們的同行約翰・蘇爾斯頓（John Sulston，一九四二－二〇一八）帶領一支英國小組加入了「人類基因組計畫」，這是現代科學的旗艦計畫。

首先，它的參與人數有好幾千人，經費預算龐大。現代科學家很少單獨一人工作，人們對一篇科學論文有超過幾十甚至上百人署名早已司空見慣。某項研究可能會吸收各行業的專家。威廉·哈維孤獨地盯著心臟，或者拉瓦節和充當唯一助手的妻子在實驗室相伴的年代已經一去不復返。人類基因組定序是若干實驗室以信任為前提的合作計畫。首先，在各實驗室之間分配染色體，然後每個實驗室嚴格按照同樣的標準進行排序。這項工作需要無數的DNA較小片段，接著電腦分析過後，再把它們以單一序列組合在一起。經營這些實驗室需要強大的資金支持。在美國，是由國家衛生研究院（NIH）和各地的公立實驗室出資。在英國，則是起先由政府撥款，後由資金雄厚的私人醫學研究慈善機構「英國維康信託基金會」（Wellcome Trust）接替。在法國和日本，官方也資助了一些較小型的實驗室，使這個計畫真正實現了國際合作。

其次，這個計畫沒有電腦就無從下手，事實上，現代科學根本離不開電腦。科學家面對每一段DNA鏈都必須分析數量龐大的資訊，並試著找出每一段鏈的起點和終點。人類無法勝任的工作，對電腦來說輕而易舉。現在很多科學研究計畫僱人專門照看電腦和電腦程式，而不再是照顧果蠅和試管了。

第三，現代科學是投入大、收益高的大買賣。「人類基因組計畫」一度成為政府資助團體和美國企業家克萊格·凡特（Criag Venter，生於一九四六年）的私人公司的爭奪對象。凡特是個睿智的科學家，幫助開發了加速DNA定序的一些儀器。他立志成為第一個解碼人類基因組的人，還打算申請專利，向使用其資訊的科學家和製藥廠收費。不過，最後他妥協了。人類基因組是無條件公開的，不過有些應用這些資訊的方法是可以被註冊專利的，成品藥物或診斷測試也可以營利販售。所以，現在有人花錢購買自己的ＤＮＡ序列，希望能夠預知疾病、保持健康。

最後不得不提的是，當今的重點研究總是被「炒作」困擾，「人類基因組計畫」就是一個活生生的例子。科學家為了爭奪有限的資金，有時會把自己研究的重要性誇得天花亂墜；媒體大肆宣揚他們的事蹟，無限放大他們的光環，但正常的科學研究不是新聞炒作。記者們不斷用新發現或新突破激發大眾對治癒疾病的希望，但是大多數科學成果的意義要經過長時間的檢驗才能體現。沒錯，知識領域的突破每天都在上演，新療法的導入也總在有條不紊地進行，但是科學本身不能一蹴而就，媒體的吹捧很少完全正確。

無論無何，讀懂人類基因組是巨大的成就，這樣我們可以更準確地理解疾病和健康。遲早，它會幫助人類研製出對抗癌症、心臟病、糖尿病、失智症和其他現代致命疾病的新藥物。我們終將得益於這項眾多國家和諸多領域的科學家共同參與的、具有深遠意義的計畫，過著更健康的生活。

· 39 ·

宇宙大爆炸

假設讓你來導演一部關於宇宙歷史的電影，你會怎麼開始呢？大概你會回到大約五十億年前，能看見來自太陽系的殘骸碎片卻找不到地球的時候，因為我們的星球可能就是在那時成形的。再往前追溯呢？那便是宇宙大爆炸：爆炸的威力和熱度在一百三十八億年後仍能感覺得到。

至少，從一九四〇年代開始科學家就是這麼推測的，而且他們越來越自信。宇宙源於一個點，炙熱和密實的狀態難以想像，然後突然就爆炸了。從那一刻起，它開始慢慢地冷卻和膨脹，從這個點往外形成星系。我們的銀河系是一個充滿活力和激情的地方，人類在上面是最小的小不點。宇宙包括行星、恆星和彗星組成的可見星系；還包括很多看不見的天體和能量，比如黑洞，比如更大量的「暗物質」和「暗能量」。

那麼，大爆炸真的發生過嗎？可以解釋宇宙的起源嗎？當然那時可沒有人打開攝影機錄影。大爆炸之前發生了什麼？就現在而言，這些問題都不可能找到確切的答案，但它們涉及很多先進的物理學和宇宙學。這個話題人們討論了超過半個世紀，到現在還是眾說紛紜。

一八〇〇年左右，法國的「牛頓信仰者」拉普拉斯提出了「星雲假說」（請參閱第十八章）。他的主要論點是太陽系是從一片巨大的氣體雲發展出來的。很多人接受了這個說法，相信地球的悠久歷史可以解釋諸如地熱、化石等其他地質特徵。到了十九世紀，很多科學家熱血沸騰地圍繞著地球和我們銀河系的年齡而爭辯。而在二十世紀初的幾十年間，兩項進展徹底扭轉了話題。

第一項是愛因斯坦的「廣義相對論」對時間和空間的重要解釋（見第三十二章）。他強調這兩樣東西有割不斷的聯繫，它們是「時空」（space-time）。他給宇宙增添了一個新的維度。愛因斯坦同樣用數學方法證明了宇宙空間是彎曲的，歐幾里得幾何學並沒有對廣袤的空間距離做出恰如其分的說明。歐幾里得的宇宙是平的，是永不相交的平行線。他的世界在一個平面裡，三角形的內角和總是一百八十度。但是如果你在一個球體上或一個弧形面上測量三角形，它就不是一百八十度了。那麼，如果空間本身是彎曲的，我們就必須換一種數學方式考慮問題了。

・計算宇宙年齡的工具

愛因斯坦的天才之作所揭示的真理，啟發了物理學家和宇宙學家的新思路。愛因斯坦帶來的主要是理論革命，而由宇宙學家帶來的第二項重大進展則不再是紙上談兵。它緊密依靠觀察，尤其是美國天文學家愛德溫・哈伯（Edwin Hubble，一八八九－一九五三）的觀測成果。一九九〇年，美國發射太空梭，將一具以他名字命名的太空望遠鏡送上環繞地球的軌道。至今為止，「哈伯太空望遠鏡」傳回的數據，遠遠多於他透過望遠鏡在加州威爾遜山天文臺所看到的。在一九二〇年代，哈伯是看得最遠的天文學家。他宣稱我們的銀河系不是宇宙的邊界，而是多得數不清的星系中的一員。宇宙的邊界遠遠超出了望遠鏡的觀測範圍。

宇宙學家們同樣記著另一個和哈伯有關的數字，這是以他的名字命名的一個「常數」。（你應該能想起類似的「普朗克常數」。）當光離開我們的時候，波譜移向可見光譜的紅色端，稱作「紅移」；相反的，當光往我們靠近的時候，光波移向光譜的另一端，稱作「藍移」。它和火車的轟鳴聲靠近或遠去不同是一個道理，這對於天文學家來說很好把握。哈伯看到來自遙遠恆星的光出現紅移，而且越遠紅移越大。他意識到，這說明它們在離我們遠去，走得越遠，速度越快。宇宙在膨脹，而且似乎在加速膨脹。哈伯測量了從恆星到紅移範圍的距離，標繪出的圖表顯示測量結果形成一條筆直的線，由此得出「哈伯常數」。一九二九年，它隨哈伯一篇重要的論文出場。這個神奇的數字是宇宙學家計算宇宙年齡的工具。

從此以後，「哈伯常數」不斷被修正。我們觀測到了更遠的恆星，得出更準確的紅移數值。有些恆星離我們好幾百萬光年遠。一光年大約是九．五萬億公里，一束陽光只要八分鐘就可以抵達地球。如果這束光線返回太陽，則可能在一年內往返三萬二千多次——換一種方式幫你領悟距離的遙不可及和時間的悠遠綿長。我們在夜空中看到的某些星光，其實是現在已經消失的恆星在很久以前發出的。我們必須先知道那些遙遠恆星和星系和我們之間的準確距離，才能體現「哈伯常數」的真正價值。儘管有這些約束，我們也不能忽視它的重要性，它為我們提供了星體移動距離的參考值，進而給出宇宙的年齡——從大爆炸那一刻算起。

一九四〇年代，喬治．伽莫夫（George Gamow，一九〇四－一九六八）推廣了大爆炸理論。伽莫夫是出生在俄國的物理學家，在一九三〇年代早期去了美國。他擁有絕佳的創造性思維，一生多姿多采，對分子生物學、物理學和相對論均有獨特見解。他和一名同事從微觀的角度探討了原子核發射電子（貝塔粒子）的方式，並大範圍地觀察了星雲（即聚集熱粒子和宇宙塵埃的大雲團）的形成。從一九四八年開始，伽莫夫與人合作研究大爆炸，他的理論以最小的原子成分為基礎，結合了對宇宙最初模式的猜想。

我們先說說成分：粒子和作用力。在一九四〇年代後期，這個物理學分支有了自己的名字「量子電動力學」，簡稱「QED」。美國物理學家理察·費曼（Richard Feynman，九一八－一九八八）是這個理論的創始人之一。他是個名人，不僅因為他用圖表解釋理論和數學（有時將它們畫在餐廳的餐巾上），還因為他會演奏邦哥鼓。量子電動力學為描述更小的粒子和它們之間的作用力提供了嚴謹的數學方法。費曼為此獲得了一九六五年的諾貝爾獎。

二戰結束後，粒子物理學家以效率越來越強大的粒子加速器繼續原子和粒子的加速研究。加速器能夠把原子分解成亞原子粒子，這和大爆炸後瞬間上演的情景正好相反。在大爆炸後，立即將組合成物質的構建單元迅速冷卻成形。從粒子到原子、從原子到元素，組合逐漸變大，直到組成行星和恆星。

愛因斯坦的質能轉換公式 $E=mc^2$ 告訴我們，如果加速器以接近光速的高速運轉，質量通常將轉換成能量。物理學家發現飛速運轉的粒子神通廣大。加速器中出現了一種沒有變化、而且不帶有任何組成結構的電子，它就是粒子作用力家族的成員——輕子。質子和中子都是由更小的粒子「夸克」組成的。夸克以多種形式存在，每一個夸克都帶有電荷，三個一組聚合成中子或者質子。

宇宙中有四種基礎「力」，解析它們之間的相互關係是二十世紀最值得期待的課題之一。其中「重力」最弱，但它無處不在。我們從接受「牛頓的蘋果」開始研究重力，直到現在也沒把它研究透徹。「電磁力」涉及很多自然領域。它控制原子內的電子按照軌道運行；它每天以「光」的身分帶給我們太陽安好的消息。即使在原子內也有「強」和「弱」兩種「核力」，它們共同約束原子核內的粒子。

・捕獲「希格斯玻色子」

現在，我們暫且把重力放一邊，來看一種特殊粒子互換時產生的其他力。這種粒子被稱作「玻色子」，是力的媒介，愛因斯坦的「光子」是電磁力的玻色子。不過，最出名的玻色子當屬隱身的「希格斯玻色子」（the Higgs Boson）。粒子物理學家認為它是其他粒子的質量之源，找到它就可以找出大爆炸之後粒子即刻獲得質量的方式。他們從一九六〇年代開始搜尋，直到二〇一二年才宣布在世界最大的粒子加速器「大型強子對撞機」（簡稱ＬＨＣ）上捕獲了它。ＬＨＣ坐落在瑞士日內瓦附近，一九九八至二〇〇八年間由「歐洲核子研究組織」（簡稱 CERN）建造。CERN 成立於一九五四年，是歐洲多國共同合作經營的科學組織，旨在滿足物理研究的資金、科學家、技師和電腦人員的大量需求，為實驗運作和分析提供充足的人力和物力支持。

「標準模型」理論可以說明重力之外的一切物理現象，「希格斯玻色子」是它不可或缺的一部分（但不是最終解答）。如果「標準模型」確定無誤，也許下一步就可以經由「弦理論」來分析所有這些力和粒子，將「標準模型」發展成為「萬有理論」。「弦理論」以自然的四種基本力是在一個平面振動的「弦」的假設為前提，需要非常繁複的數學演算。這個工程還在醞釀之中。

微觀粒子物理包含的很多東西很難和普通人的世界建立聯繫，但是科學家卻發現它們在核能、電視、電腦、量子計算和醫療檢查設備上有越來越多的用武之地。現在，大爆炸理論已經從我們看得見的太空走向看不見的地方，所以除了日常生活中這些重要的應用之外，還有更多的知識需要我們去挖掘。

一九二〇年代，俄國物理學家亞歷山大・弗里德曼（Alexander Friedman，一八八八－一九二五）是第一批快速吸收愛因斯坦的廣義相對論，並透過數學方式解釋宇宙的科學家之一。他的「弗里德曼方程式」為宇宙膨脹提供了依據。他在思考這是否和我們身處地球有關。地球是特意為我們準備的領地，難道也為我們提供了一個觀察宇宙的獨特之地？他的回答是否定的，根本不是這麼回事。我們在地球上完全是個巧合。如果我們待在其他的行星上，距離地球幾光年遠的地方，也和在這兒沒什麼兩樣，這就是弗里德曼的宇宙宙學常數。我們從中領悟出另一個重要觀點：物質均勻地分布在宇宙之中。當然存在地區差異——地球比周圍的大氣層密實得多，但在宇宙的大環境中這條原則是正確的。現在，宇宙學家還在大量依靠弗里德曼的宇宙模型進行探索。他們同時還要應對「黑洞」和「暗物質」等神祕現象。

曾經有兩名英國皇家學會會員在十八世紀探討過「暗星」。現代數學天才羅傑・潘洛斯（Roger Penrose，生於一九三一年）和理論物理學奇才史蒂芬・霍金（Stephen Hawking，一九四二－二〇一八）賦予它一個現代的名字——「黑洞」。霍金在退休前一直擔任英國劍橋大學盧卡斯數學教授，此教席曾由牛頓擔任。潘洛斯和霍金兩人異口同聲地說黑洞是看不見，但稍加想像就能明白的東西。太空中正在死亡的恆星逐漸萎縮變小，在此區域形成黑洞。由於死亡恆星的剩餘物質變得更加緻密，重力強到光子陷入了黑洞，無法脫逃。

・為什麼會發生「大爆炸」？

宇宙中有很多超級黑洞。研究人員在智利用望遠鏡追蹤了十六年的「人馬座A*」，於二〇〇八年被證實是銀河系一個超級黑洞。由德國人萊因哈德・根舍（Reinhard Genzel，生於一九五二年）帶領的天文學家們，觀察了恆星繞行位於星系中心之黑洞的軌道。因為我們和黑洞之間距離二萬七千光年，其間遍布著恆星塵埃，所以他們使用紅外線進行測量。

這些超級黑洞可能影響了星系的形成，也可能涉及太空中我們不能直接看到的其他部分：暗物質。科學家認為暗物質占據宇宙的絕大部分——幾乎八十%是暗物質，而可見的行星、恆星加上氣體和太空塵埃一共占四%。一九三〇年代，科學家開始考慮用暗物質解釋宇宙中諸多出乎意料的表現。他們意識到可見物的質量和它們的重力效應不符：這裡一定是少了些什麼。一九七〇年代，天文學家薇拉．魯賓（Vera Rubin，一九二八—二〇一六）繪製了恆星在星系邊緣快速移動的圖表。圖表顯示，它們的移動速度比應有的速度還快。傳統理論認為，它們越遠離星系中心，運行速度會越慢。由此人們推斷，是暗物質提供了恆星加速需要的額外重力，這間接證明了暗物質的存在。現在，科學家接納了暗物質，但仍沒有破解它的身分之謎，就留給未來去發現或反駁吧。

現代宇宙學從愛因斯坦的相對論中走來，它以不計其數的觀察、電腦數據分析和伽莫夫的大爆炸理論為基礎。「大爆炸」就像所有優秀的科學理論一樣，從一九四八年提出之後幾經修正。實際上，物理學家在初聞該理論之後的二十年裡，幾乎沒有考慮宇宙的起源問題。「大爆炸」理論必須與天文學家弗雷德．霍伊爾（Fred Hoyle，一九一五—二〇〇一）倡導的「穩態」（steady state）宇宙模型一決高下。霍伊爾的理論在一九五〇年代擁有一批支持者，他們認為宇宙無限，新物質的產生源源不斷。在這個模式裡，宇宙既沒有起點也沒有終點。最後，穩態理論在諸多質疑中結束了它短暫的科學使命。

物理學家已經掌握了短命的粒子和粒子加速器所能產生的作用力。他們擁有遙遠太空的觀測資料。雖然他們具備了完善大爆炸理論的能力，不過在細節、甚至在某些基本原則上還有很多分歧，而對科學而言，這都是家常便飯。大爆炸模型開啟了很多可供實踐的科學思路，包括遙遠恆星的紅移、宇宙背景輻射和基本原子力，同時它也適用於黑洞和暗物質，不過它沒有解釋「為什麼」會發生大爆炸。退一步而言，科學論述的內容是「怎麼樣」而不是「為什麼」。有些物理學家和宇宙學家有宗教信仰，有些則沒有，在整個科學領域都是這樣。本該如此，因為只有包容才能孕育最好的科學。

· 40 ·

數位時代的科學

你一次次打開電腦，可能已經不是為了「計算」而用，你可以用它查資料、發郵件，或者看最新的足球比賽得分。但是最開始它就是一臺比人腦計算得更快、更準確的「做計算」的機器。

雖然我們把電腦看作先進科技的產物，但事實上有關電腦的概念由來已久。十九世紀，英國數學家查爾斯．巴貝奇（Charles Babbage，一七九二－一八七一）製造了一臺能夠按照「設計的程式」完成一些演算小把戲的機器。比如，他設定好從「一」開始一個一個數到一百萬，然後突然跳到一百萬零二。凡是耐心地看著數字從一累積到一百萬的人，看到錯誤的報數都大吃一驚。巴貝奇的目的就是要告訴大家，他的機器可以做出一些打破常規的事。

十九世紀末，美國數學家赫爾曼．何樂禮（Herman Hollerith，一八六〇－一九二九）發明了一台可以透過打孔卡分析大量數據的電子機器。如果卡片上的孔符合機器要求，卡片插進機器以後就可以被「閱讀」，並處理資訊。何樂禮的機器對於分析人口普查蒐集到的資料很好用，能夠幫助政府獲得更多跟人口有關的資訊。很快地，這部機器可以計算出諸如收入、家庭人數、年齡和性別等基本數據。直到二戰爆發，多數電腦的主要功能便是分析打孔卡。

二戰期間，電腦開始為軍事服務。它們能計算炮彈射程、破解敵軍訊息的密碼。為了加強戰時安全，德國、英國和美國全部使用了電腦。電腦最初只是少數擁有最高安全權限的人才可以使用，而現在它為每一個人打開了通往世界的大門，這實在是一個鮮明的對比。

英國和美國利用電腦分析德軍密電。英國人破解德國人密碼的核心力量集中在白金漢郡一處叫作布萊切利園（Bletchley Park）的古老鄉間宅邸裡。德國人有兩種密碼機：恩尼格瑪密碼機（Enigma）和洛倫茲密碼機（Lorenz）。他們每天變換密碼，因此解碼機必須具備極強的轉換能力，為此英國設計了「炸彈」（Bombe）和「巨人」（Colossus）兩款解碼機。「巨人」的確名副其實，它們就是巨大的運算機器，不但占據整間屋子，還超級費電。這些電腦裝有一系列轉換電子信號的真空管。由於真空管時常因為過熱而罷工，為了便於更換燒壞的燈絲，他們在管子之間留下寬鬆的間隔，這也給昆蟲創造了可乘之機。那時所說的「除錯」（debug）可不是指跑軟體程式的意思，而是指進去清除飛蛾、蒼蠅這些蟲子。它們飛進了熱熱的玻璃管，造成系統短路。解碼機使戰爭得以提前結束，幫助同盟國取得了勝利，功不可沒。

‧圖靈和電腦、網際網路興起

布萊切利園裡有一位傑出的數學家：艾倫‧圖靈（Alan Turing，一九一二－一九五四）。一九三〇年代早期，他就讀劍橋大學國王學院的時候就顯示出過人的才華。他發表了有關計算機數學的重要理論，在布萊切利園的工作表現出類拔萃。戰後，他仍然對電腦矢志不渝。他對人類大腦運轉和電腦系統的關係有深刻的見解；他洞悉到「人工智能」（ＡＩ）的誕生，還開發了可以下棋的機器。雖然，人機對弈的時候棋藝大師贏多輸少，但是若論妙手奇招，機器則是越來越出色。圖靈開發了位於倫敦特丁頓的英國國家物理實驗室早期的電子計算機「ACE」，使它具有更強的計算能力。但圖靈的生命卻以悲劇結束。他是同性戀，那時的英國還不能接受這種關係。警察逮捕了他，並用性激素「治療」他的性取向。有證據表明，他吃下加了番木鱉鹼的毒蘋果自殺身亡。他的一生和死因警醒世人：任何種族、性別、宗教和性取向的人都可以成為出色的科學家。

戰爭期間建造的大型電腦用起來得心應手，但受限於經常會過熱的真空管。此時有一項發明帶來了無限生機，包括對電腦的改變：電晶體。一九四七年年底，約翰・巴丁（John Bardeen，一九〇八－一九九一）、沃爾特・布拉頓（Walter Brattain，一九〇二－一九八七）和威廉・蕭克利（William Shockley，一九一〇－一九八九）成功研製出這種可以放大和轉換電子信號的元件。電晶體比真空管體積小很多，比較不會生熱。它可以組裝於各種電子設備上，比如小巧實用的電晶體收音機。他們三人一起被授予諾貝爾物理獎後，巴丁又攻克了電晶體和現代電路所需的「半導體」，並再次獲得諾貝爾獎。

軍方在一九四五至一九九一年的冷戰時期也沒有延誤對電腦的研究。美國和蘇聯兩大超級強國雖然曾在二戰中結成聯盟，但互不信任，他們用電腦分析蒐集來的對方活動數據。電腦不斷提高的數字處理能力對科學家而言也是如虎添翼。一九六〇年代，物理學家竭盡所能地運用了這些新型的、日趨完備的機器。若是沒有它們，高能粒子加速器產生的大量數據，對於手握鉛筆和草稿紙的一群人來說就是天方夜譚。

遼闊的科學領域迎來越來越多的電腦專家，他們的薪資和設備被納入研究經費，所以人們有足夠的理由去設想用電腦間的交流取代面對面的溝通。畢竟，電話已經普及了一百多年，電報當然更久遠。於是在一九六〇年代初，「封包交換」（Packet switching）應運而生。數位訊息被分割成較小單位，每個單位選擇最便捷的路徑到達接收端的電腦後再被重新組合。你在有線電話上說話的時候是真的「在線」，沒人能把電話打進來。但是如果你在電腦上發送或者接收訊息——一封郵件或者一則網站上的貼文——任何人在任何時間都可以看到它。

美國和英國對封包交換的研究可謂並駕齊驅。作為維護國家安全的工具，它要確保軍方和政要間的無障礙溝通，即使某些通訊設備被毀，它也必須正常運轉。封包交換透過「網絡化」簡化了電腦群組的連接。科學家是除軍方以外最早的使用者，現代科學由此獲益良多。

一九六〇年代，電腦變得更小、更快，學術界是最主要的受益者。不過和現在的電腦比起來，它還是太大、太慢、太昂貴。但是你可以放心，用它玩電腦遊戲也沒問題，這種樂趣早就有了。一九七〇年代，電腦的改變加速進行。此時的電腦——曾經被稱作「微型計算機」——加上螢幕和鍵盤，小到可以放在一張桌子上。隨著微處理機晶片功能越來越強大，啟動了個人電腦革命。對此貢獻最大的地方是美國加州的矽谷。

・科學可以為善，亦可以為惡

電腦不斷改變著學術界工作和交流的方式。世界上最大的物理學家聚集地之一，歐洲核子研究組織（CERN），安放著世界最快的粒子加速器——大型強子對撞機（參閱第三十九章）。那裡的電腦專家在一九八〇至九〇年代期間，將網路和數據分析提升到新的高度。提姆・伯納斯－李（Tim Berners-Lee，生於一九五五年）是其中一員。他的父母都是電腦先鋒，電腦伴隨著他成長，所以他迷戀電腦。伯納斯－李在牛津學習物理，之後到CERN任職。一九八九年，他申請了「資訊管理」研究資金。CERN的領導層為他提供了支持，但是他堅持要實現自己的理想——讓所有人都可以通過一條電話線，在電腦上輕鬆獲取網際網路日益增長的資訊。他和同事羅伯特・卡里奧（Robert Cailliau，生於一九四七年）聯手研發了「全球資訊網」。一開始，它只在CERN內部的一、兩個物理實驗室裡使用。一九九三年，全球資訊網走向大眾，同一時間正好趕上個人電腦的需求迅速增長，不僅是辦公必備，也是家庭必需。微軟的比爾・蓋茲（Bill Gates，生於一九五五年）、蘋果的史蒂芬・賈伯斯（Steve Jobs，一九五五－二〇一一）等都是現代科學的英雄（當然，他們都變得非常富有），他們領導了這場個人電腦的革命。所以，一九五五年理應是屬於電腦的好運年：伯納斯－李、蓋茲和賈伯斯都在那一年出生。

一九七〇年代起，電腦的快速發展正好遇上了基因組定序方法的創新，這不是巧合。現代科學離不開現代化的電腦，很多基礎的科學問題，從研製新藥到建立氣候變化模型都要依靠這些機器。在家裡，我們用它寫作業、預訂票務、打遊戲。嵌入式電腦系統可以駕駛飛機、輔助醫學成像，也可以洗衣服。就像現代科學一樣，現代生活也是建立在電腦應用的基礎之上。

沒必要對此大驚小怪。我在這本小書裡想要說明的一件事就是，無論在歷史的哪一個階段，科學只是那個特定時代的產物。希波克拉底的時代和伽利略、拉瓦節的時代不可同日而語。他們的衣著、飲食和思想都有那個時代的特徵。本書中提到的人比他們同時代的大多數人都更加才思敏捷、擅長表達，這就是為什麼他們的思想和文字值得銘記。

是的，當今的科學史無前例地強大。電腦是罪犯和駭客的有力工具，也是科學家和學生的得力助手。科學和技術既可以輕易地為善，亦可以做惡。我們需要優秀的科學家，同時我們也需要有良知的公民來確保這一點：科學是為了使我們全體生活的世界更加美好。

科學的 40 堂公開課

A Little History of Sciences

作　　者　威廉・拜能（William Bynum）
譯　　者　高環宇
文字編輯　吳佩芬
文字校對　謝惠鈴
美術設計　莊謹銘
內頁構成　高巧怡
行銷企劃　劉育秀、林瑀
行銷統籌　駱漢琦
業務發行　邱紹溢
責任編輯　何維民
總 編 輯　李亞南

國家圖書館出版品預行編目 (CIP) 資料

科學的 40 堂公開課 / 威廉・拜能 (William Bynum) 著 ; 高環宇譯 .
-- 初版 . -- 臺北市 : 漫遊者文化出版 : 大雁文化發行 , 2019.11
320 面 ; 15×21 公分
譯自 : A little history of science
ISBN 978-986-489-366-9(平裝)
1. 科學 2. 歷史
309　108017387

出　　版　漫遊者文化事業股份有限公司
地　　址　台北市松山區復興北路三三一號四樓
電　　話　(02) 2715-2022
傳　　真　(02) 2715-2021
讀者服務信箱　service@azothbooks.com
漫遊者臉書　www.facebook.com/azothbooks.read
劃撥帳號　50022001
戶　　名　漫遊者文化事業股份有限公司

發　　行　大雁文化事業股份有限公司
地　　址　台北市松山區復興北路三三三號十一樓之四
初版一刷　2019 年 11 月
初版五刷第一次　2020 年 12 月
定　　價　台幣 360 元
I S B N　978-986-489-366-9

全球科技大歷史

解讀人類偉大進步的黑盒子，指出未來科技演化方向

吳軍 [著]
定價480元

◎ 看懂整個科技變革的邏輯，培養你看懂當下、看清未來的能力。
◎ 從科技發明的邏輯中學會一種能力，有創造性地去解決一些當下的事情。
◎ 學會並遵循一套科學方法，獲得可重複性的、可疊加性的進步。

大陸「文津圖書獎」得主、吳軍博士，首次從科技視角串聯歷史，以「能量」和「資訊」兩條主線，在紛繁複雜中釐清科技發展的脈絡以及人類文明的演進。全書從遠古科技、古代科技、近代科技和現代科技四個部分，詳細描述了人類幾萬年來農業、工業、天文、地理、生物、數學等各個領域關鍵性的人物、事件及意義，繪製了一幅科技驅動歷史的恢宏畫卷。

整個科技史，從過去到未來，都與能量和資訊直接或者間接相關。你將俯瞰一整部人類科技文明史，真正洞察世界變化的趨勢，進而消除由於對周圍世界缺乏瞭解、對未來缺乏掌控而產生的焦慮。

科學大歷史

人類從走出叢林到探索宇宙，從學會問「為什麼」到破解自然定律的心智大躍進

雷納．曼羅迪諾 [著]
定價450元

◎ 用大歷史手法描繪人類科學大躍進的重磅之作！
◎ 與霍金同為《新時間簡史》、《大設計》等書的共同作者
◎ 不只聚焦少數科學天才，深入探索影響科學思維的種種文化條件

當人類學會直立行走，大腦的運作從此遠遠超越了其他動物。人類成為唯一懂得問「為什麼」的動物，旺盛的求知動力，加上歷史上屢屢突破傳統思維限制的天才想像，造就了科學的驚人成就，也形塑了人類的文明！

曼羅迪諾帶我們展開一場熱情有勁的旅程，循著令人振奮的人類演進史，逐一解說科學發展的關鍵事件。過程中，他以令人耳目一新的方式，帶我們觀察人類及社群的獨到特質，瞭解究竟是什麼動力促使我們從使用石器，開始撰寫文字，並從化學、生物學、現代物理學的誕生，發展出如今的科技世界。

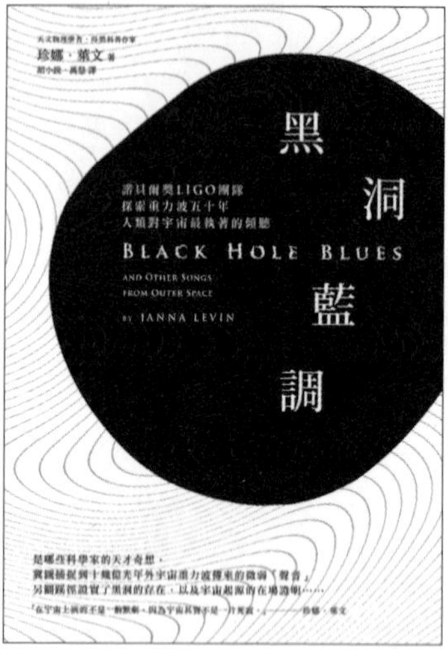

黑洞藍調

諾貝爾獎LIGO團隊
探索重力波五十年，
人類對宇宙最執著的傾聽

珍娜．萊文 [著]
定價**360**元

◎ 2017年諾貝爾物理學獎得主基普．索恩等科學家與LIGO科學家們相知相惜，才華洋溢的動人故事
◎ 電影《星際效應》中，人類捕捉到重力波、和宇宙溝通的熱血真實版
◎ 證明了愛因斯坦的天才預言，補足了廣義相對論缺失的「最後一塊拼圖」

到底是什麼樣的瘋狂團隊做出的天才豪賭，想要在相當於地球周長一千億倍的距離範圍內，測量出比人頭髮的直徑還要小的變化？而留給測量的時間或許不到一秒鐘。而且，沒有人知道這種極微小的變化何時會發生……

本書作者珍娜．萊文先從人和故事出發，描繪了主導LIGO計畫的首席科學家們各自的文化背景與鮮明個性，如何左右計劃的成敗，彷彿是美劇《宅男行不行》的進階真人版，之後再讓科學現身，直到最後科學與人合而為一，翔實的調查與如歌的寫作，呈現近五十年來精彩的重力波科學探測史。